拿破仑·希尔
成 功 法 则

黄 地 单 文 编译

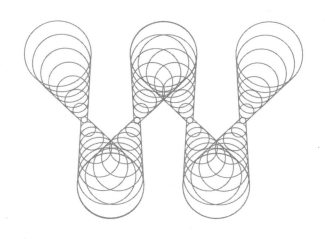

光明日报出版社

图书在版编目（CIP）数据

拿破仑·希尔成功法则 / 黄地，单文编译 . –– 北京：光明日报出版社，2011.6
（2025.1 重印）

ISBN 978–7–5112–1133–0

Ⅰ.①拿… Ⅱ.①黄…②单… Ⅲ.①成功心理—通俗读物 Ⅳ.① B848.4–49

中国国家版本馆 CIP 数据核字 (2011) 第 066693 号

拿破仑·希尔成功法则

NAPOLUN · XIER CHENGGONG FAZE

编　译：黄 地 单 文

责任编辑：温　梦　　　　　　　　　　责任校对：张荣华
封面设计：玥婷设计　　　　　　　　　封面印制：曹　净

出版发行：光明日报出版社
地　　址：北京市西城区永安路 106 号，100050
电　　话：010–63169890（咨询），010–63131930（邮购）
传　　真：010–63131930
网　　址：http://book.gmw.cn
E – mail：gmrbcbs@gmw.cn
法律顾问：北京市兰台律师事务所龚柳方律师

印　　刷：三河市嵩川印刷有限公司
装　　订：三河市嵩川印刷有限公司
本书如有破损、缺页、装订错误，请与本社联系调换，电话：010–63131930

开　　本：170mm×240mm
字　　数：215 千字　　　　　　　　　印　张：15
版　　次：2011 年 6 月第 1 版　　　　印　次：2025 年 1 月第 4 次印刷
书　　号：ISBN 978–7–5112–1133–0

定　　价：49.80 元

序 言

　　1883 年 10 月 26 日，美国弗吉尼亚的一个贫寒之家，一个未来的天才诞生了。虽然孩子的父母对于如何去教育孩子、让孩子去争取成功早已成竹在胸，但他们并没有想到，襁褓中的婴孩以后会影响全世界数以百万计的人。他们于冥冥中似乎早有预感，于是给孩子取了一个旷世伟人的名字——拿破仑。

　　拿破仑·希尔的童年过得非常贫苦，他的机会来自 18 岁那年参访著名的钢铁大王、人际关系专家安德鲁·卡内基先生，于是他迎来了自己一生中最重要的转折。

　　卡内基先生看到了拿破仑身上的创造力潜质，于是问他："如果我资助给你一笔资金，让你有足够的能力去采访这个世界上最重要的一批成功人士，虽然以失去数十年的时间为代价，但是你能够与这些伟大的人物比肩，你愿意吗？"

　　"是的，我非常乐意。"拿破仑·希尔兴奋地回答道。

　　正是这样一次对话，促使了这位继卡内基之后最为成功的成功学家成长起来。

　　在其后的近四分之一个世纪的时间里，拿破仑·希尔孜孜不倦地接触了 500 多位站立于世界巅峰的成功人士。他们中有出色的政治家，有富有的大财团老板，也有那些在自己的领域里做出杰出成就的人士。他将他们的故事整合提炼，于 1928 年出版了专著《成功规律》，阐明了美国成功者的成功哲理，奠定了成功学的基础。从此，人们的成功意识便由不自觉走向了自觉，千百万人自觉地应用成功学，取得了各方面的成功。这对社会的发展起了巨大的作用。

　　数年后，希尔辞去了一切社会职务，集中全部精力从事著述。1937 年希尔完成了《思考致富》一书，这部名著至今已拥有 1000 多万读者。

1960 年，《人人都能成功》出版。此书激励人们通过纠正意识、性格和生活习惯上的缺点，获得人生的财富。它又为希尔赢得了极大的荣誉和尊敬。

为什么拿破仑·希尔能够产生如此广泛的影响？因为渴望成功是人的本能、愿望和职责。人人都希望把自己的工作做好，但由于环境的不同、人们意识的差异，其努力的结果就有成败之分。自古以来，人们都在争取成功，总结出了许许多多闪闪发光的名言警句，但随着社会的演进，人们在政治、经济、文化、社会、人际关系方面的竞争日趋激烈，人们便要求掌握更系统、更完善的成功哲理，以便得心应手地取得更大的成功。就在社会呼唤最为强烈的时候，拿破仑·希尔诞生了，他以他的勤奋、自信和努力取得了令人羡慕的成功。

我们无法计算自从希尔的成功理论问世以来，究竟有多少人受到过这种理论的恩泽；但是我们可以肯定的是，凡是看到过希尔作品的人，都会被书中那种坚定的自信心、积极的心态以及对成功的透彻感悟所感染，从中汲取无穷的力量，去勇敢面对生活的挑战。

也正因为如此，我们越发感到编撰这样一部成功学全书的重要性。拿破仑·希尔的精神和理论在当今的时代应该得到更富有时代性的诠释，正如我们所倡导的与时俱进、开拓创新一样，结合今天的社会现实，我们也需要以全新的眼光来看待这些成功学的经典。这是这部全书成书的最主要原因。

在此书的编撰过程中，我们采取了一种全新的排版模式，首先将那些能够激励人们斗志的故事突出在了显要的位置。事实所发出的声音是最有力的。我们以那些成功人士的事实作为镜子，对自己的各种弱点和不足会看得更加清楚，同时它们也会照亮我们未来前进的路程，并指引我们走向积极和正确的道路。其次，我们精心选取了拿破仑·希尔在 20 多年奋斗中所发出的感悟，编辑成一组组名言警句，成为这位成功学家留给世人的"信条"，用最精粹的话语深入浅出地阐述道理，让你细细品味，回味无穷。最后，我们还不能抑制自己对拿破仑·希尔先生的崇敬，并且也希望本书能够对读者更有裨益，所以我们打造了一把把"金钥匙"。当你阅读了一段段他人的人生经验，品尝了成功专家准备的一句句名言警句后，不妨再来看看我们以现代人眼光所撰写的成功心得，它们既是我们拜读那些伟大的成功学著作的手记，也是我们拿出来加以诠释的时代声音。

拿破仑·希尔一生著作等身，我们虽然力图以宏大视野去囊括他思想的精华，但是也不可避免地会出现遗珠之憾。唯有让我们感到欣慰的是，在我们的努力下，拿破仑·希尔的主要思想和主要成就没有在我们的指缝间流失，而是在本书的字里行间闪闪发光。

在对本书的学习中，我们希望亲爱的读者们能够抓住以下几个重点进行阅读。

首先，你要怀有一种积极的心态，去感悟那些伟大人物的事迹，开发自己心中的无限的能量。

其次，本书十分强调行动。只有及时行动，才能一步步走向目标，取得成功。本书提供了许多具有实践性的事例和方法，值得学习。

最后，我们要再一次向朋友们推荐此书，并乐意看到它在你和你的朋友之间流传，帮助你探索个人或单位成功的独特道路，帮助你增强信心，永远保持积极心态，积极学习，积极工作，面对任何困难，总能找到解决问题的方法，从而取得成功。

这是我们对每一个怀有梦想并为之不懈努力的人们所许下的最真诚的祝福！

黄地　单文

2011 年 2 月

目　录

第一篇　思考帮助致富

第三篇 成功人生实战

第一篇

思考帮助致富

第一章

一个好方法足够

正确思考方法的培养

■肿瘤的特殊治疗方法

斯卓芬大夫曾经对一个患有肿瘤的妇人的情形进行过这样的描述：他们把她放在手术台上,然后施以麻醉。老天! 她的肿瘤这个时候立即消失了,手术对于她来说再也用不着了。

但当她清醒后那个肿瘤又回来了。医生们这时才发现,一位真正患有肿瘤的亲戚一直和她住在一起,她有着丰富的想象力,因此想象她自己也患了肿瘤。

医生再度把她放在手术台上,施以麻醉。为了使那个肿瘤在她恢复后不至于再出现,他们在她的腹部中央绑上了绷带,并在她苏醒后告诉她,已经对她做了一次成功的手术,但她必须继续绑几天绷带。医生们的话得到了她的信任,那个"肿瘤"在绷带拿下来之后再未出现。而事实上,她并未动过任何手术,只是患有肿瘤的想法从她的潜意识中除去了。同时,由于实际上真正的肿瘤在她身上并未生过,当然她就可以维持正常了。

身体生病可能由人类的意识生病所造成。在这种时候,治疗它需要一个更强烈的意识给他以指示,特别是使他对自己产生信心。

■车祸的礼物

美国最好的一位雕刻师，他以前其实是一名邮差。有一天他搭上一辆电车，但是却发生了车祸，他的一条腿因为这场不幸的车祸而被切掉了。电车公司付给他5000美元作为他损失的赔偿。他把这笔钱用来上学，终于成了一名雕刻师。与他利用他的双脚当一名邮差所能赚到的钱相比，他用自己的想象力加上双手制成产品赚到的要更多。由于电车车祸的发生，他不得不改变自己的努力方向，结果他的丰富想象力也因此被自己发现了。正因为不放弃希望，以积极的心态来努力，他才能在残疾之后更好地实现自己人生的价值。

■费里波·艾玛尔的远见

费里波·艾玛尔善用自己的预见性，这给他经营的美国亚默尔肉食品加工公司带来了很大的好处。

一天，费里波在当天报纸上看到一条新闻：类似瘟疫的病例在墨西哥出现了。为此，他感到兴奋不已。他马上联想到：如果瘟疫真的在墨西哥发生了，则与之相邻的加利福尼亚州和德克萨斯州一定会受到传染，而整个美国也会从这两个州开始受到传染。而事实上，美国肉食品供应的主要基地就在这两个州。如果事情真是如此的话，肉食品一定会大幅度涨价。于是他立即集中全部资金购买了邻近墨西哥的两个州的牛肉和生猪，并把它们及时运到东部；不仅如此，他还立即派医生去墨西哥考察证实。瘟疫不久之后果然传到了美国西部的几个州，于是美国政府下令禁止外运这几个州的食品和牲畜。一时间，美国市场肉类奇缺，价格暴涨。在短短几个月内，费里波就净赚了900万美元。

正确的思考方法将会让你的眼光长远。

■绝不放弃希望

拿破仑·希尔自己就遇到过这样一件事情，他的叙述如下：

尼尔的妻子不幸得了肺炎。当我赶到尼尔家中时，他说了这样一句话："如果我妻子因为这场肺炎而死了的话，我将不再相信上帝。"而我之所以来到尼尔家，是尼尔妻子把我请过来的，因为医生告诉她这样一个消息——她已经无法再活下去了。她把丈夫叫到床边道别，然后，她请求把我找来。

我赶到尼尔家的时候，尼尔正在前厅哭泣，而他的两个儿子正在尽量安慰他们的父亲。尼尔的太太情绪很低落，呼吸也已经十分困难了。我很快就发现，这位尼尔太太是要将她的两个儿子托付给我，拜托我在她死后照顾他们。这时候，我鼓励她说："我不相信上帝会要你死，因为你一向强壮而健康，生命力旺盛，你不会死的。他不会让你把儿子托付给任何人，所以你绝对不能放弃希望。"

谈了很久，我们甚至做了一次祈祷。我告诉她，要相信上帝，以全部的意志及力量来对抗死亡。然后，我离开了。临行前我说："教堂礼拜结束后，我会再来看你。到时候，我将会发现，你比现在好多了。"

我又去拜访的时候，她的丈夫面带微笑迎接我。他说，我早上一离开，他太太就说道："希尔博士说我不会死，我将会康复。我现在真的好多了。"

后来，她真的康复了。她对自己的信心促进了她的康复。人类意志所能产生的力量真是相当惊人。

■推销梳子

在洛杉矶有一个梳子制作工厂招聘推销员，厂长别出心裁地安排了一道考试题测试三个竞争者，以便于从中选拔出最为合适的推销员。

他将三个候选人集中到一家敬老院，这家敬老院中有许多秃顶的老人。然后厂长对三个竞聘者说："你们需要把我们的产品推销给这家敬老院。"

三个人的脸上都露出了为难的神色，其中一位一开始就选择了放弃。第二个应聘者径直找到了敬老院的负责人，然后对他和颜悦色地说："这家敬老院所处的位置正是一个风口，许多有身份的人经常会来此举行慈善活动。如果你能向他们提供一些梳子以便他们整理被大风吹乱的头发的话，那将是一种非常周到的服务。"

这位负责人觉得这番话很有道理，于是决定先购买10把梳子以看效果。厂长在一边看了，暗暗点头。

第三位应聘者接着也找到了这位负责人，他比前一位显得更加熟练和温和。他先拿起这位负责人留在桌上的一堆文件看了看，然后惊呼他的字迹是多么漂亮，简直可以拿来做练字的典范了。"想您这么优雅的书法，如果无法被别人所学习和欣赏，那岂不是太可惜了吗？"这位负责人早已经被吹捧得昏了头脑，在心中已经暗暗骄傲起来了。推销员于是不失时机地递上一把梳子，说："如果您能在这些梳子上写上'某某敬老院欢迎您，并且请您亲自为亲人梳梳头'，这样既宣传了敬老院，同时也表现了您的书法水平，岂不是两全其美的好事情吗？"

负责人当然高兴不已了，当即决定常年订购这家工厂的梳子。而这位推销员后来也成了这家工厂的首席销售代表。

●拿破仑·希尔成功信条

◎一个思想方法正确的人，他的性格也一定相当顽强和坚韧。

◎有时候，正确的思想方法可能会因为不合时宜而导致暂时性实施受阻，但是正确的思想方法所能带来的报酬将比那种损失大得多。你肯定会乐意接受这样的结果的。

◎一些卓有成就的人有这样一种习惯，他们善于综合利用那些重要的条件，尤其是在对他们的工作有影响的时候。这样一来，他们的工作相比其他一般职员要轻松、愉快得多。

◎卓有成效的人运用了正确的思想方法，等于为自己的杠杆找到了一个支点，只要用小指头轻轻一拨，就能移动他原本即使以整个身体的重量也无法移动的沉重工作分量。

◎我们常常需要借鉴他人的知识与经验，通过这种途径收集到的事实，其证据来源和提供者都应该经过小心检查，尤其是当证据的性质影响到提供证据的证人的利益时。因为，和所提供的证据有关系的证人，通常会因向诱惑屈服而对证据予以掩饰或改造，以保护这项利益。

◎正确的思想常常储存在经典的书本当中。每个人都应该阅读有关人类意识能力的一些经典书籍，并学习前人如何发挥惊人的意识力量，让生活更加健康快乐。从书本上我们同样可以看到，错误的思想方法会给人类造成极为可怕的影响，甚至迫使他们发疯。

●拿破仑·希尔成功金钥匙

掌握了正确的思想方法，就可以获得独立思考的能力，而不会去人云亦云，最后随着那些无知的人一起没落。拿破仑·希尔认为，正确的思考方法有很多种，比如换位思考，比如从经典的书籍中获取养料，比如对追查某件事情时获得的证据反复调查等。正确的方法确保了我们不犯任何错误，相当于帮我们除掉了成功路上一个个很大的障碍，进而使我们取得事半功倍的效果。

培养自己的远见

■骑驴的故事

有一对父子赶着驴子去集市买食品。起初，儿子走路，父亲骑驴。路人看见他们经过，就说："那可怜的小家伙在步行，那强壮的汉子却坐在驴背上。那汉子真狠心呀！"

听到这样的话，父子俩于是决定：儿子骑驴，父亲走路。可是这样一来，人们又说："儿子骑驴，父亲走路。儿子真不孝顺呀！"

听到这样的议论，父子俩又决定两人一齐骑上去。这时路人说："两个人骑在那可怜的驴上。这对父子真残忍呀！"

没有办法，父子俩只好都下来走路。结果路人又说："那头壮实的驴子什么东西都没有驮，这两个人却不骑上去而自己步行。他们真愚蠢呀！"

结果，用了整整一天他们才到达集市。这个时候，人们惊讶地发现，那头驴竟被那个人同他儿子一起抬着来到了集市！

有时候，我们也会像这两个赶驴子的人一样，因为过分担心所受到的压力而看不清方向，忘记了自己的目标。

■跳蚤限制自己跳的高度的原因

在跳蚤马戏团里，这些极小的昆虫能跳得很高，但却有个限度，它们跳的高度是无法超过这个高度的。似乎每只跳蚤都默认一个看不见的最高限度。你知道这些跳蚤限制自己跳的高度的原因吗？

开始训练时，马戏团的训练师都把跳蚤放在一个有一定高度的玻璃罩里。这些跳蚤在开始的时候还试图跳出去，但每次它们都会撞在玻璃罩上。它们这样跳了几下之后，就会放弃尝试了。这样，即使在拿走玻璃罩的情况下，它们也不会跳出去。为什么会这样呢？原因是跳蚤通过过去的经验懂得：它们是跳不出去的。就这样，这些跳蚤成了自我设限的牺牲品。

■埃罗提升的秘诀

差不多同一时间，埃罗和布罗受雇于同一家超级市场。大家在开始时都一样，从最底层干起。可不久之后，总经理比较青睐埃罗，他一再被提升，从领班直到部门经理。

布罗却还在最底层混，像被人遗忘了一般。终于有一天，布罗觉得忍无可忍了。他痛斥总经理狗眼看人低，不提拔辛勤工作的人，反倒让那些吹牛拍马的人得到提升，然后向总经理递交了辞呈。

他的这些抱怨总经理都耐心地听着，这个小伙子他很了解——工作肯吃苦，但似乎缺少了点什么。缺什么呢？这个问题三言两语说不清楚，就算说清楚了他也不服，看来……忽然间，总经理想到了一个主意。

总经理说："布罗先生，您马上去看看集市上今天有什么卖的。"

没过多长时间，布罗就从集市回来说，刚才只有一个农民拉了车土豆在集市上卖。

总经理问："一车大约有多少袋、多少斤？"布罗又跑到市场去，回来说有10袋。

"土豆的价格是多少？"总经理又问。布罗只好准备再次跑到市场上。

"请休息一会儿吧，看埃罗是怎么做的。"望着跑得气喘吁吁的布罗，总经理对他说。

说完，总经理就把埃罗叫来，对他说："埃罗先生，您马上去看看集市上今天有什么卖的。"

很快，埃罗就从集市回来了。他向总经理汇报说，到现在为止集市上只有一个农民在卖土豆，有10袋，质量很好，价格适中。不仅如此，他还带回几个让经理看。另外他又说，这个农民过一会儿还会弄几筐西红柿到集市上去卖，他认为可以进一些货，因为据他看价格还算公道。考虑到总经理可能会要这种价格的西红柿，所以他不仅把几个西红柿带回来做样品，而且把那个农民也带来了。那个农民现在正在外面等回话呢！

看了一眼红脸的布罗，总经理说："请他进来。"

埃罗之所以在工作上取得了一定的成功，是由于他比布罗多想了几步。

●拿破仑·希尔成功信条

◎想要成功，就必须比别人想得更远，有更多的远见卓识。这种远见是无法从别人那里学来的。如果你仅仅把别人的远见当作自己的，你恐怕不会有决心和冲动去实现它。将你自己的远见变成现实不是一蹴而就的，这是一个过程，你的才能、梦想、希望与激情才是你将远见变成现实的基础。

◎远见是了不起的东西，它还会对别人产生积极的影响——特别是当一个人的远见与他的命运（尤其是他存在的目的）不谋而合时。

◎实现远见的过程跟一次旅程十分相似。为了旅行的顺利，你需要先确定一个出发点。没有出发点，你就不知道你的目的地和线路究竟应该是怎样的。另外，你离自己的远见越远，所花的时间就越多，代价就越大。也就是说，实现自己的远见是要做出牺牲的。

◎为了实现理想，你必须不停地寻找一切对你有帮助的东西。要善于观察，要乐于尝试新事物，到处寻找好主意。在别的领域效果很好的主意，在你这里也可能会有用。全神贯注于你自己的理想，但对走哪条路才能实现理想，则应抱灵活的态度。实现理想要有创新精神，而如果我们对新观念关上大门，就不会有创新精神。

●拿破仑·希尔成功金钥匙

在这里，远见可以看成是一种理想，也可以看成是一种梦想。理想或者梦想都是尚未实现的东西，甚至达到这个目标的机会都还没有出现，但是希尔先生不希望你因为这样就丧失了去追求梦想的激情。在现实生活当中，你在追求自己理想的时候，不可避免地会遇到来自外界的质疑和阻碍，这个时候你就需要使用自己的制胜法宝——一种积极的心态，去对抗这些质疑。一个具有远见的人才不会被短视这种缺点耽误了美好的前程。在正确方法的指引之下，他会确立一个正确的目标，然后努力去实现这个目标。

想象无边界

■ 可口可乐的诞生

大约 100 年前的一天，一个年老的乡村医生驾着他的马车到了一个小镇。在那家他常去购药的药房，老医生与一个年轻的药剂师做了一桩买卖。这桩买卖看起来并不惊人，然而药剂师和这个老医生却谈了足足有一个小时。后来，老医生带着年轻的药剂师来到马车上，取回了一块用来搅动壶里东西的木制橹状的木板和一只老式铜壶。在检查了那只老铜壶后，年轻的药剂师一次性将 500 美元付给了老医生。随后，老医生才将一张写着秘密配方的小纸片交给了年轻的药剂师。

一种可以生津止渴的特殊饮品装在那个铜壶里，而那张小小的旧纸片上就写着它的制造配方。这配方是那个乡村老医生的创意——想象力的产物。年轻药剂师之所以倾其所有将此创意买了下来，是因为他对这种特殊饮品有信心。那个乡村医生的配方有多神奇我们无法肯定，这个年轻的药剂师对这个配方进行了多大程度的修改也难以确定。但是，这个叫爱撒·肯特拉的年轻药剂师，往老医生的秘方中加入一种秘密成分后，确实研制出了一种畅销全球的美妙饮品——可口可乐。

如今，由于这个极富想象力的创意，老医生和爱撒·肯特拉为他们自己带来了源源不断的巨大财富。

■ 10 元新钞的作用

成功学专家在几年以前，曾经接到了一位年轻人的来信。在信中他提到，他是一个刚从商学院毕业的学生，希望能成为成功学专家办公室中的一名职员。除此之外，他在信中还夹着一张从未折叠过的崭新的 10 元钞票。这封信的内容是这样的：

"我是刚刚从一家一流的商学院毕业的学生。因为我了解到，一个年轻小伙，在他刚刚开始他的职业生涯的时候，如果能够幸运地在像您这样的人的指挥下从事工作，那就实在太有意义了。所以我希望能进入您的办公室工作。

"随信附上的 10 元钞票，是在第一周中您给我指示所花的时间的报酬，我希望您能收下这张钞票。我愿意在第一个月里免费为您工作，您可以在一个月之后，根据我的表现再决定我的薪水。我对这项工作的渴望程度，超过了我至今为止对任何事情的热望，我愿意为获得这项工作而做出任何合理的牺牲。"

最终，这位年轻人成为成功学专家办公室中的一名职员。他之所以能够获得他所希望得到的机会，全是因为他的想象力。

一家人寿保险公司的总裁得知了这件事后，立即以相当高的薪水请这位年轻人去当他的私人秘书。当年的这位年轻人，今天已是世界上最大一家人寿保险公司的重要负责人了。

■天才的构思

在位于加州海岸的一个城市，人们把所有适合建筑的土地都开发出来并予以利用。城市的一边是一些无法作为建筑用地的陡峭的小山，而另外一边的土地，因为地势太低，每当海水倒流时总会被淹没一次，所以也不适合盖房子。

有一天，这座城市来了一位具有想象力的人。这个人和所有具有想象力的人一样，具有敏锐的观察力。他在到达的第一天就立刻看出了这些土地赚钱的可能性。那些因为山势太陡而无法使用的山坡地和每天都要被海水淹没一次而无法使用的低地都被他预购了，而且，因为这些土地被认为并没有什么太大的价值，所以他预购的价格很低。

那些陡峭的小山被他用几吨炸药炸成松土，随后被几辆推土机推平。这样一来，原来的山坡地就成了很整齐的建筑用地。另外，多余的泥土也被他雇用一些车子填在那些低地上，使低地超过了水平面。因此，这些低地也变成了整齐的建筑用地。

通过这些行动，他赚了不少钱，那么这些钱他是怎么赚来的呢？

只不过把某些没有用的泥土和想象力混合使用，即把某些泥土从不需要它们的地方运到需要它们的地方罢了。

这个人被那个小城市的居民视为天才，而他确实也是天才——只要我们能像这个人这般地运用想象力，那么，任何人都可以成为一位天才。

■想象练习的效果

一项实验曾被美国的《研究季刊》报道过，这项实验证明了想象练习对投篮技巧改进的作用。

第一组学生被要求在 20 天内每天练习实际投篮，他们第一天和最后一天的成绩都被记录下来。

第二组学生则在此期间不做任何练习，他们第一天和最后一天的成绩也被记录下来。

第三组学生被记录下第一天的成绩，然后在以后的每天里，花 20 分钟做想象中的投篮。他们在投篮不中的时候，便在想象中做出相应的纠正。

以下就是实验的结果：

每天实际练习 20 分钟的第一组学生，进球增加了 24%；

没有进行任何练习的第二组学生，毫无进步；

每天想象练习 20 分钟的第三组学生，进球增加了 26%。

■小型电脑的发明

哈兹原是一家电脑公司的实习员。在公司里，他经常搞一些业余研究，但是他的这些业余研究成果却一直没有得到采纳。没有办法，他只好外出兜售。莱因—威斯特发伦发电厂对他非常赏识。该工厂预支给了他 3 万马克，让他在该厂的地下室对两台供结账用的电脑进行研究。他在不久之后获得成功，创造出了一种成本低廉而且简便的小型 820 电脑。由于在当时，只有大企业才用得起还是庞然大物的电脑，因此，他所创造的这种小型电脑一问世就立即引起了轰动。他是如何想到要搞这种成本低廉的小型电脑的呢？"从电脑的普及化倾向中，我看到了市场的空隙，因此意识到微型电脑有着进入家庭的巨大潜力。"这就是他的回答。在他的大脑中有着富于想象力的预见性，他甚至"看到"电脑摆在了每个工作台上。可以说，他之所以能获得成功并成为巨富，正是由于这种预见性和想象力。

■ "偷懒"的结果

哈斯是个普通的德国农民，他常常花费比别人更少的力气而获得更大的收益，原因就是他爱动脑筋。因此，当地人都称他是个聪明人。

到了土豆收获季节，德国农民就进入了最繁忙的工作时期。他们不仅要从地里收回土豆，而且还要把它运送到附近的城里去卖。大家都要先把土豆按个头儿分成大、中、小三类，为的就是能卖个好价钱。可是这样做的劳动量实在太大了，每个人都希望能快点把土豆运到城里赶早上市，所以大家都只能起早贪黑地干。哈斯一家则显得有些与众不同，他们直接把土豆装进麻袋里运走，而根本不做分拣工作。结果每次他赚的钱都比别家的多，因为每次他家的土豆总是最早上市。这就是哈斯一家"偷懒"的结果。

原来，每次向城里送土豆时，哈斯总是开着车跑一条颠簸不平的山路，而没有走一般人都走的平坦公路。因车子不断颠簸，两英里路程下来，落到麻袋最底部的就是小的土豆，而留在上面的自然就是大的。这样，卖的时候仍然是能够分开大小的。由于节省了时间，哈斯的土豆可以最早上市，价钱自然就能卖得最理想了。

农民哈斯这种利用自然条件进行逻辑想象的方法非常巧妙，这种方法能开启我们的大脑，虽然它看起来并不惊天动地。你可以在迈向自己的成功过程中做得更好，只要你具有这样的逻辑想象能力。

■ 巧妙的广告策划

某日，在东京各大报纸上同时刊出了日本明治糕点公司的一个"致歉声明"。该声明的大意是说，最近一批巧克力豆，因操作疏忽，碳酸钙含量超出了规定标准，公司特表歉意；请购买者向销货点退货，公司将统一收回处理云云。声明刊出以后，该公司认真负责的精神得到了人们的大加赞赏。其实，该公司早就预见到，对人体而言，碳酸钙多一点儿并无多大的影响。

为此区区小事，也不会有多少人专门跑路去要求退货。但这种兴师动众的宣传，却可以给顾客留下良好印象，从而使明治公司声名鹊起。

这个声明实在是一种十分巧妙的广告策划。从此以后，明治公司的商品更加受到了顾客的青睐。

●拿破仑·希尔成功信条

◎在想象力当中，最先出现思想，它有无数创新的可能；然后再把思想与观念组织起来，成为一个可行的计划；最后，就是把这些计划变成事实。

◎在做一件事情时，不要太过紧张，而应当放松神经，因为越紧张就越做不好。在你的心里想着真正要达到的目标，然后开始天马行空地想象吧！发挥你的创造性，心里想着你要达到的目的，努力驱使你向目标前进，而不是纠缠在无谓的心理冲突之中。

◎批判性想象就是寻找某些不完善、需要改变的东西，在此基础上进行想象、构思。时代的变迁、社会的发展，往往会给原本已经完善的东西留出进一步完善的余地。在这个空当上，借用批判的想象，对选准项目、确定自身的市场优势、开拓更大的市场，都能产生巨大的作用。

◎创造性想象可以使人产生全新的想法，可能在现实世界中暂时还没有某个事物的形象，但现实生活仍是其产生依据。所以成功学专家一语道破"零"与"亿"间的天机，那就是"一切的成就，一切的财富，都始于一个意念"。

◎想象力是灵魂的工厂，它可以给你带来一个成功的目标，让世界上许多事物向你展示出新奇的面貌。但仅止于此还不够，你还必须以坚定的信念去加以实现。

●拿破仑·希尔成功金钥匙

很多时候在核心竞争力，硬件和技术上已经没有多大的发展空间，而在想象力领域的竞争却方兴未艾。谁的点子更好，谁更能够找到新的东西并吸引大众的目光，谁就将取得竞争中的先机，距离财富也会更近。想象力是一种放松的情绪和积极的心态的表现。发挥自己的想象力的同时，心态也能够调整到比较好的状态，这时，制胜法宝就能够发挥作用了。

你尚有潜能可挖

■农夫的奇迹

在谷仓前面，一位农夫正注视着一辆轻型卡车快速地开过自己的土地。开着这辆车的正是农夫 14 岁的儿子，他还不够资格考驾驶执照，因为他的年纪还小，但是他十分着迷于汽车，而且似乎已经能够驾驶一辆车了。因此他得到了农夫的准许，在农场里开这辆客货两用车，但是他还是没有得到准许到公路上开车。

但是突然间，汽车翻到了水沟里。农夫感到非常惊慌，他急忙跑到出事地点。农夫看到沟里有水，而他的儿子躺在那里，被压在车子下面，露出水面的只有儿子的头的一部分。

根据报纸上所说，这位农夫并不很高大，他有 170 厘米高，70 千克重。但是为了救自己的儿子，他毫不犹豫地跳进水沟，把双手伸到车下，抬高了车子。这足以让跑来援助的另一位工人从车子下面把那失去知觉的孩子抬出来。

当地的医生很快赶来了，他给男孩做了一遍检查，发现男孩只受了一点儿皮肉伤，其他毫无损伤。

农夫在这个时候却开始奇怪起来了，刚才他根本没有停下来想一想自己是不是抬得动就马上去抬车子了。由于好奇，他就又试了一次。结果这一次，那辆车子根本就没有动。医生说这是奇迹，并解释说，在紧急状况下，身体机能会发生反应，肾上腺会分泌出大量激素，然后传到整个身体，额外的能量就产生出来了。这是医生唯一可以提出来的解释。

■鹰的寓言

有一个男孩在父亲的养鸡场附近的一座山上发现了一个鹰巢。他把一只鹰蛋从巢里拿了出来，带回养鸡场之后，把鹰蛋和鸡蛋混在一起，让一只母鸡来孵。结果，一只小鹰出现在了孵出来的小鸡群里。小鹰不知道自己除了是小鸡外还会是别的什么，因为它是和小鸡一起长大的。起初，它过着和鸡一样的生活，而且它感到很满足。

但是，当它逐渐长大的时候，它的内心里出现了一种不安的感觉。"我一定不是一只鸡!"它不时地想,只是一直没有采取什么行动。直到有一天,在养鸡场的上空翱翔着一只老鹰。这个时候,小鹰感觉胸膛猛烈地跳着,它感觉到自己的双翼有一股奇特的新力量。它抬头看着老鹰的时候,心中出现了这样一种想法:"我不应该待在养鸡场这种地方。我要飞上青天,栖息在山岩之上。"

它的内心里有着力量和天性,虽然它从来没有飞过。它展开了双翅,飞到一座矮山的顶上。它觉得非常兴奋,于是又飞到更高的山顶上,直到最后冲上了青天——它终于发现了真正的自己。

■关于大衣的提问

潜能最有可能被强迫性的压抑所克制,所有人都不会对压抑的东西感到舒服,比如下面故事里的女明星。

美国电影明星辛吉亚·基布向来以讲究衣着而闻名。某次出席一个聚会的时候,她穿的是一件红色的大衣。第二天,许多亲友和记者就那件红大衣的事提出了问题,有如下一些不同的问法:

(自由式)"昨天你穿的大衣是什么颜色的呀,基布女士?"

(半自由式)"昨天你穿的是一件红色的大衣,还是别的什么颜色的大衣,基布小姐?"

(选择式)"是白的,还是红的?"

(强迫式)"是淡红还是深红的?"

(肯定式)"是红的,是吗?"

(否定式)"不是红的吧?"

事后,谈起这件事的时候,基布说"否定式"的发问是她最不开心听到的,对于"强迫式"也感到不愉快。她笑道:"他们为什么不问我那是深绿还是浅绿的大衣?那样的话,我会爽快地回答说'是红色的'。"

■如何解除压抑发掘潜能

受压抑的人说话声音明显细小,表现得信心不足。大声谈话是解除压抑的有效方法——尽量提高音量,但不必大声喊叫或愤怒,只要声音比平时稍大就行。它可以调动起全身15%的力量，使人能比在压抑状况下举起更大的重量。科学实验对此的解释是，大声叫喊能解除压抑，能调动全部潜能——包括那些受到阻碍和压抑的潜能。

●拿破仑·希尔成功信条

◎潜能蕴含了无穷无尽的智慧和力量，这种力量可以把一个人在精神上的某些欲望转化成物质上类似的力量，而潜能经常利用最实用的媒介物来达到目的。

◎只要你以积极的心态去开发潜能，你的能量就会用不完，你的能力就会越来越强；相反，如果你不去开发自己的潜能，抱着消极心态，那么你只有叹息命运不公，并且越来越消极、越来越无能！任何成功者都不是天生的，历来大部分成功者成功的根本原因都是开发了他们自身无穷无尽的潜能。

◎不论面对什么样的困难或危机，只要你认为自己行，你就能够处理和解决这些困难或危机。积极的力量和智慧来自你对于自己的能力的肯定。如果能够积极面对，潜能就能够发挥出来，并且促成有效的行动。

◎每个人都有着巨大无比的潜能等待开发，所以积极的心态会使人心想事成，从而走向成功；如果放弃了对伟大潜能进行开发，让潜能在那里沉睡，白白浪费，那么只能怯弱无能，走向失败。

◎个性受压抑的人既害怕表现坏的情感，也害怕表现好的情感。你不妨做这样的尝试：每天至少夸奖三个人；如果喜欢某人做的事、穿的衣服或者说的话，你就让他知道。

◎暗示是释放人的潜能的重要手段。暗示会产生强烈的心理定式，并引发潜在动机产生行为。积极的、带有成功意识的暗示会让你利用意志力在自发心理中实现自己的目标。

●拿破仑·希尔成功金钥匙

人的潜能真的是个很奇妙的东西，它平时隐藏在身体当中，看不见也摸不着。但是一到关键时刻，潜能就会爆发出来，将那些难以完成的任务完成。所以，如果能够控制自己的潜能，能够充分地掌握它并利用它，那你就将获得一般人所不具备的力量。拿破仑·希尔鼓励众人重视自己的潜能，并尝试着多多挖掘它。因为一个人的潜能被挖掘得越多，他在这个社会的竞争力就越强，也就越容易获得成功。

心理暗示与潜意识

■美国教官的训练方法

20世纪60年代，一批新兵来到了美国军队的一个新兵训练营。这些新兵的文化程度很低，卫生习惯也非常不好，还沾染了许多不良行为。军营教官想了很多办法，为的就是把他们训练成合格军人。教官印发了一些家信，要求新兵们阅读这些信，还要求他们阅读完之后仿照着给自己的家人写信。教官要求他们在信中告诉家人，在军队中他们养成了新的、好的生活习惯。说来奇怪，这些新兵从此以后果真克服了以往的坏习惯。他们一个个变得懂礼貌、讲卫生、守纪律，而且精神焕发，俨然标准的军人。这其中的原因是什么呢？这主要是由于在阅读和写信的过程中，他们受到了暗示，他们认为自己已经是一个标准军人了。于是在自觉或不自觉中，他们开始用军人的规范来要求自己的言行举止。这样，他们就克服了以往的不良习惯。

■舒拉普的巧妙方法

恰瑞斯·舒拉普是一家连锁工厂的老板。有一家工厂的生产情况在所属的众多工厂中显得特别差。那位厂长被舒拉普找去，汇报为什么他们厂的生产情况比别家差得多。厂长说工人就是提不起工作的兴趣，不管他用什么方法——或命令，或奖励甚至巴结奉承。

当时正好是夜班和白班交班的时候。舒拉普拿了支粉笔，走向了车间。他向一位快下班的白班工人问道："你们今天共浇铸了几次？"

那位工人回答说："6次。"

舒拉普写了一个很大的"6"字在地板的通道上，然后一句话也没有说就出去了。

地上的字被夜班工人进厂时看见了，他们就问白班工人那是什么意思。

"老板刚才进来，问我们浇铸了几次，我回答说浇铸了 6 次，他就写了一个 6 字在地板上。"白班工人回答说。

舒拉普第二天早晨又来到了车间，这时候他发现写在地板上的"6"字已经被"7"字所取代。

看见了地板上的"7"字，白班工人就知道夜班工人的成绩比他们好，他们的竞争心理不觉产生了。于是，白班工人在下班的时候更得意地写了个"10"字在地板上。从此以后，工厂的生产量与日俱增。

■医院的故事

成功学专家说："自我暗示是意识与潜意识之间互相沟通的桥梁。"自我暗示可以使意识中最具力量的意念转化到潜意识里，成为潜意识的一部分。也就是说，我们可以通过有意识的自我暗示，将有益于成功的积极思想和感觉洒到潜意识的土壤里，使其能在成功过程中减少因考虑不周和疏忽大意等导致的破坏性后果。所以，通过想象不断地进行自我暗示，很可能会成就一个创富者。

一个医生在给一位病人进行肺部透视时，突然发现有颗钉子把自己的白大褂钩了一个洞，于是他情不自禁地说："啊呀，好大的一个洞！"医生不经意的这一句话让正在接受透视的病人大惊失色，他以为医生说自己肺上有个大洞，所以顿时昏厥了过去。这个结果就是医务人员的语言不慎给病人形成暗示所造成的。

这样的事情在成功学专家早年所在的医院里也曾经发生过——那纯属工作差错。因为编号填错了，两个胸部透视的病人的检查报告单被对方取走了。这两个病人，其中的一个本身是健康的，却因编号错误而被诊断为患有肺结核。后来，这个健康的人因受到错误的报告单的暗示，最终住进了医院；而那个真正患有肺结核的病人却不治而愈了。这种现象令许多当事人都感到非常吃惊，很多人也因此开始关注心理学的研究。

■奇妙的啤酒广告

在美国，有家饮食店的门外摆了一个大酒桶。"不可偷看！"引人注目地写在桶壁上，但是桶周围却无遮无拦。凡路过的人，本来对这个大酒桶毫无兴趣，但看到桶上这几个字，也会在好奇心的驱使下停下脚步往桶里看个究竟。可见从字面上看，"不可偷看！"是对看的行动的一种抑制，但是起的实际作用却与此相反。经营者巧妙地通过暗示，利用了人的好奇心理，使得本来不想看的人也要看一下。饮食店老板的目的通过人们的一看就达到了。因为桶里写着："我店的生啤酒与众不同、清醇芳香，一杯5元，请享用！"路过者的好奇心又被"与众不同"激起来了，他们会想花5元钱去尝试一下他的酒与众不同之处到底在哪里。老板的生意就通过这样的方式做大了。

■别出心裁的酒广告

在宣传一家酒厂产品的电视广告中，有这样一段话："××酒厂厂长敬告广大消费者：饮酒过度有害健康，饮酒适量方为有益。"人们在观察、思考问题时，往往习惯于从正面入手，久而久之则成了一种思维定式。但是凡事总有正反两个方面。看惯了锦上添花的盛景，听多了阳春白雪的高调之后，人们就会变得熟视无睹、听而不闻。若此时能来一个朴实无华的"白描"或别开生面的"低调"——也就是反其道而行之，就能给人们一种新感觉，从而别开一片蓝天。酒厂厂长可谓别出心裁，他劝消费者不要过度饮酒，给人留下了深刻印象。

●拿破仑·希尔成功信条

◎潜意识汇集一切思想感情；容纳各种心态、观念，它是形成一切思维、意识的源泉。

◎一些人遇到难题，马上想到"挑战"、"想办法解决"，行动也几乎同时跟上；另一些人遇到难题，则不自觉地甚至不加思考地就想到退却，想到失败，而且也在行动上退却。这便是不同经验的潜意识在起作用。

◎正面的暗示无意中起了相反的效果称之为无意反暗示。有经验的人常根据这种原理洞悉别人的心理。如有的儿童在家中毁坏了东西，家长查问时，他却把手藏在背后，连声说："我没有，不是我。"这就是无意反暗示。经营者也可巧妙地加以利用。

◎人从出生起，潜意识便开始形成。父母的期望、教诲，家庭环境的影响，学校的教育，从小到大的阅历，一切影响过你的外部思想观念、意识和你自己内部形成过的观念、意识情感——包括正面积极的意识情感和负面消极的意识情感——这些统统都会在你的潜意识里汇集、沉淀、储存起来，形成一个人丰富的内心世界和灵魂。它是我们形成新的思想、心态、智慧的取之不尽、用之不竭的素材和信息源泉。

◎我们要训练自己，努力开发和利用有益的、积极成功的潜意识，对可能导致失败的消极潜意识则加以严格的控制。具体地说，珍惜原来潜意识中的积极因素，并不断输入新的有利于积极成功的信息资料，使积极成功心态占据统治地位，成为最具优势的潜意识，甚至成为支配我们行为的直觉习惯和超感。

◎光凭记忆是不够的，要将目标写下来，这在心理学中被认为是很重要的自律方式。这样做，还能使本来模糊的细节变得清晰明确。严格的自律是成功创富的必备条件。

●拿破仑·希尔成功金钥匙

潜能其实是与一个人的心理紧密相连的，它的发挥也就和人的意识、人积极的心态以及人的一切心理能力相关。拿破仑·希尔告诉我们，对自己进行积极的暗示是释放内心潜能的重要手段，如对目标的追求、对自己的鼓励和信心，以及想象力的发挥，都在促使潜能的苏醒。这就意味着潜能的发挥实际上是心理暗示和潜意识作用的结果。挖掘潜能的过程也就是对自己进行心理暗示以及召唤自己的潜意识的过程。

扫码获取更多资源

第二章

积极心态的力量

积极的心态

■开餐馆的老板

有两个老板准备在一个小镇上开餐馆，于是先去做市场调查。第一个老板发现这里的人都极其喜欢吃辣的，而自己的菜肴却偏清淡。老板打起了退堂鼓，他沮丧地想，如果在这里开餐馆，生意一定很清淡，于是他迟迟不敢投资。而另一个老板却感到十分惊喜："这个小镇上居然还没有一家口味清淡的餐馆，那不就证明我在这里有财可发吗？"于是他毫不犹豫地连开了三家店，不但占领了清淡菜的市场，而且让小镇居民也逐渐改变了口味。一时间顾客盈门，老板也赚得盆满钵满。

■赛马的启示

强尼·格林是一匹非常有名的良种赛马，在许多次赛马比赛中它都取得过好成绩。所以在1902年7月的比赛中，它被认为是种子选手。事实上，它获胜的希望的确非常大——马师精心地照料、训练它，并且广告中它也被宣传为唯一有可能击败在任何时候都占优势的赛马"战斗者"的马。

1902年7月，这两匹马在阿奎德市举行的德维尔奖品赛中终于相遇了。

那天是一个极为庄严、隆重的日子，所有的人都注视着比赛的起跑点。当人们看着这两匹马沿着跑道并列奔跑时，大家都清楚"格林"是在同"战斗者"进行殊死的搏斗。前四分之一的路程，它们不分先后；一半的路程、四分之三的路程过去了，它们仍然并驾齐驱；在仅剩八分之一路程的地方，它们似乎还是齐头并进。然而，"格林"在这个时候使劲向前蹿去，超过"战斗者"，跑到了最前面。

"战斗者"骑手的危急关头到了，在赛马生涯中他第一次持续地将皮鞭抽打在自己的坐骑身上。"战斗者"的反应似乎是这位骑手在放火烧它的尾巴。"战斗者"猛冲到前面，同"格林"拉开了距离。"格林"相比之下好像静静地站在那儿一样。比赛结束时，"格林"落后了"战斗者"七个身位。

"格林"本来是一匹精神昂扬、很有希望的马，但是它却被这次经历打败了。它的隐形护身符被它自己从积极心态翻到了消极的一面，它从此变得悲观、消极、一蹶不振。后来，在一切比赛中它都只是应付一下，再也没有获得过胜利。

■外交官的故事

从前有个国家的外交官奉命来到一个岛国上执行外交使命。这是一个离祖国千里之外的国家，这里的一切都是那么陌生。他在这里水土不服，不习惯这里的气候，周围没有一个同种族的人，也很少有人能够听懂他的语言。没有任务的时候，外交官就会浑身上下都不舒服。这时，他就加倍思念自己的国家，思念自己的亲人。终于，他写了一封长信给曾经教过自己，也身为外交官的老师，大发了一通牢骚，然后说自己想离开这里，哪怕不做外交官也行。

不久，老师回信了。老师在信中只问了他一个问题："当你欣赏花朵时，你是看它美丽的花瓣，还是看那根部肮脏的泥土呢？"

外交官捧着这封信反复读着，忽然，他明白了老师的意思，顿时惭愧不已。于是他又给老师写了一封信，说他会学着去欣赏花瓣的美丽，而忘记泥土的肮脏。

随后的日子里，外交官开始在这个岛上漫游，并且广泛接触当地的居民。他先是比画着手势和他们交流，渐渐得到了他们的信任和帮助。他发现这个岛国虽然经济不够发达，但是人民却非常聪明。他们在生活上的发明让外交官解决了不少生活的难题，而他们的编织物和工具在他眼里都成了奇妙的艺术品。岛上的植物、动物都是那么独特而有趣，光研究它们就要花费他不少的休息日。于是，外交官不再孤独寂寞了，他变得非常充实，成天有做不完的事情。

●拿破仑·希尔成功信条

◎人与人之间往往因为很小的差别而造成巨大的差异，你所具备的心态上的积极或者消极就会导致成功或是失败的巨大差异。

◎成功学专家说，一个人是否具有好的心态是一个人能否成功的关键。成功人士与失败人士的差别在于成功人士有积极的心态，而失败人士则习惯于用消极的心态去面对人生。

◎成功的人运用积极的心态支配自己的人生，他们的人生是由积极的思考、乐观的精神和辉煌的经验支配和控制的；失败的人则往往被过去的种种失败与疑虑所引导和支配，他们空虚、猥琐、悲观失望、消极颓废，最终走向了失败。

◎想要心想事成，单靠一种方法是不能保证成功的，只有当积极心态和17个成功定律紧密结合后，才会达到成功的彼岸；反之，有着消极心态的人则一定不能成功。

◎如果你不希望你的成功是靠碰运气得到的昙花一现，那么你就要保持积极的心态去面对人生。其实成功就掌握在我们自己的手中。一个人能否获得成功，主要是看他自己的心态如何，而并非是人的其他因素造成的。

●拿破仑·希尔成功金钥匙

什么是一个人成功的第一步骤？拿破仑·希尔的解释是心态。希尔在这里强调了心态的重要性，这是一个人面临自己人生第一次挑战时所需要具备的素质。有良好心态的人必然能克服困难，越走越顺；而心态消极的人必然在重重困难面前退缩不前，无法成功。希尔认为，心态在一开始就划出了成功人士和失败人士的分水岭，即使持消极心态的人会有暂时的成功，那也不过是昙花一现；而真正能够持续成功的人，必然是有着积极心态并且不断进取的人。

认识和利用制胜法宝

■藏在木材里的钞票

在美国南方的一个州，那里用烧木柴的壁炉来取暖。很久以前，那儿住着一个樵夫，他负责劈好柴火交给主顾，但有一次他送来的柴火并没有劈好。

劈柴的工作只好由这个主顾自己来做。他卷起袖子，开始劳动。在这项工作进行到大概一半的时候，一根非常特别的木头引起了他的注意。这根木头有一个很大的节疤，很明显有人把节疤凿开又堵塞住了。这是什么人干的呢？他掂量了一下这根木头的重量，觉得它很轻，仿佛木头的里面是空心的。于是他就用斧头把它劈开了，从木头里面掉出来一个发黑的白铁卷。他蹲下去，拾起这个白铁卷，并且把它打开。他吃惊地发现一些很旧的50美元和100美元两种面额的钞票被包在了里面。他数了数，发现包在木头里面的钞票恰好有2250美元。这些钞票很明显已经藏在这个树节里许多年了。使这些钱回到它的真正的主人那里，便是他当时唯一的想法。他拿起电话，又给那个樵夫打了电话，问樵夫这些木头是从什么地方砍来的。但是这个樵夫不告诉他，心态非常消极。

樵夫说："那是我自己的事。别人会欺骗你的，如果你泄露了你的秘密。"尽管这个主顾做了多次努力，他还是无法知道樵夫是从哪里砍来的这些木头，也不知道藏在木头内的钱的主人是谁。

这个故事的要点并不是讽刺，而在于说明：具有积极心态的人发现了钱，而具有消极心态的人却不能。可见，每一个人的生活中都存在着好运。然而，好运却会被以消极的心态对待生活的人浪费而无法造福自己。具有积极心态的人总是能抓住机会，甚至从厄运中获得利益。

■罗斯福如何成为总统

富兰克林·罗斯福是美国著名的总统之一，但是没有人能想象出这位受人爱戴的总统，有着怎样悲哀的童年。

8岁的罗斯福是一个脆弱胆小的男孩，惊惧的表情总是显露在他的脸上。他天生暴牙，呼吸就像喘气一样。上课的时候如果老师叫他起来背诵，他就会紧张得双腿发抖，并且嘴唇颤动不已。回答问题的时候他也是发音含糊不清且不连贯，然后颓废地坐下来。

他这样的小孩，一般都会非常敏感，而且回避任何活动，不喜欢和别人交往，没有朋友。这种孤僻的人，只会自顾自怜！

但罗斯福却没有这样做。他的身体虽然有些缺陷，但是他却保持着积极的心态。他积极、奋发、乐观、进取，他的奋发精神就是由这种积极心态所激发的。

他更加努力地去奋斗，以弥补自己的缺陷。他并没有因为同伴对他的嘲笑便失去了勇气，他喘气的习惯也渐渐地被一种坚定的嘶声所替代，他咬紧自己的牙床使嘴唇不颤动以克服他的惧怕，这一切都是靠他的坚强的意志而做到的。就是凭着这种奋斗精神，凭着这种积极心态，罗斯福终于成为美国总统。

他没有因为自己的缺陷而感到气馁；相反，他甚至对自己的缺陷加以利用，使自己的缺陷不再成为缺陷，而是变为自己的资本，变为爬向成功巅峰的扶梯。他曾有严重的缺陷的这段经历，在他的晚年，已经很少有人知道了。他得到了美国人民的爱戴，成为美国历史上最得人心的总统。

罗斯福的成功毫无疑问是非常神奇的，但是他身上先天所加的缺陷又是何等严重。面对自身的缺陷，他却能毫不灰心地努力下去，直到自己取得巨大的成功。

一般像他这样的人都会停止奋斗而自甘堕落，这是相当自然而平常的事。自怜的罗网曾经害过很多人，但是罗斯福却没有因为自身的缺陷而自甘堕落。有些人比他的缺陷要轻得多，却因此自暴自弃、不思进取，但是他从来没有落入这样的罗网里。

■哈里的奋斗

跟罗斯福一样，哈里也是一个身体有缺陷的人，但是他同样没有放弃，同样以积极的心态面对生活中的困难。

他极为注意自己身体的缺陷，他会想尽办法来恢复自己的健康：花费大量时间去洗"温泉"、喝"矿泉水"、服用"维生素"、花时间航海旅行坐在甲板的睡椅上。

他要使自己成为一个真正的人，他没有把自己当作婴孩来看待。当他看见别的强壮的孩子玩游戏的时候，他也强迫自己去参加一些激烈的活动，比如打猎、骑马、玩耍等。通过参加各种激烈的活动，他试图使自己变为最能吃苦耐劳的典范。他用一种探险的精神去对付所遇到的可怕的环境，这样，他也觉得自己变得勇敢了。

当他和别人交往的时候，他不回避他们，而是积极地和别人沟通，因为他觉得他喜欢他们。他没有自卑心理，因为他对别人感兴趣。他渐渐感觉到他用"快乐"的心态和别人交往时，他就不再惧怕别人了。

通过不断的努力，以及系统的运动和生活，在还没有进大学之前，哈里的健康状况和精力就已经恢复得很好了。他想方设法让自己变得强壮有力：他利用假期在落基山猎熊，在亚利桑那追赶牛群，在非洲打狮子……现在，有人会对哈里产生疑问吗？或是有人会怀疑他的勇敢吗？然而哈里曾经多么弱小胆怯啊！这就是事实。

哈里和罗斯福成功的方式是何等简单，然而却又是何等有效！而且这样的方式是每个人都可以做的。

哈里的心态和他的努力奋斗是他成功的主要因素，这其中最重要的因素还是他的心态。他能够最终从不幸的环境中突围而出，走向成功，正是在这种积极心态的激励下努力奋斗的结果。他使用了自己的隐形护身符，并且积极地把心态积极的那面朝上，终于使自己取得了成功。

■埃尔·阿伦的灵感

埃尔·阿伦是美国联合保险公司业务部的一个小小的推销员，他的目标就是成为公司里的王牌推销员。他经常应用自己读过的励志书籍和杂志中所介绍的"积极心态"原理。有一次，他在一本名为《成功无限》的杂志上读到了一篇题为《化不满为灵感》的文章，并且在不久之后，在自己的推销工作中应用到了书中所介绍的原理。

在一个寒冷的冬天，顶着刺骨的寒风，埃尔在威斯康星市区里沿着一家家商店拉保险，结果一份保险也没有拉成。遇到这种情况，他当然对自己非常不满意，但他的积极心态却把不满转变成了灵感。当天晚上，他突然想起自己曾经读过的那篇《化不满为灵感》的文章，他决定试试其中提到的原理。第二天，他在出发进行推销前，把自己前一天的失败告诉了其他推销员，并且信誓旦旦地说："等着看好了，今天我要再去拜访昨天那些客户，并且会卖出比你们更多的保险。"

埃尔真的办到了，他取得了成功。他再一次回到昨天推销的那个市区里，再度拜访了每一个他前一天谈过话的人，结果这一天他一共卖出66份新的意外保险。

■所罗门国王的经验

一个人的行为方式不可能永远脱离于他的自我评价。消极心态者不但经常想到外部世界最坏的一面，而且也总想到自己最坏的一面；他们不敢企求，所以往往收获更少。遇到一个新观念，他们的反应往往是：

这是行不通的，

从前没有这么干过。

没有这主意不也过得很好吗？

这会不会太冒险了？

现在条件还不成熟，

这并非我们的责任。

所罗门国王据说是最明智的统治者。在《圣经》箴言篇23章第7节中，所罗门说："一个人的心怎样思量，他的为人就是怎样。"换言之，人们只会为了自己想获得的成就而不停地追求，而不可能取得他自己并不追求的成就。人们对自己无意得到的成就是不会去争取的。当一个消极心态者对自己不抱期望时，他就不会相信自己拥有取得成功的能力，他成了自己潜能的最大敌人。

●拿破仑·希尔成功信条

◎成功学专家告诉人们，我们每人都有两种心态：积极的心态和消极的心态。这两种心态具有两种惊人的力量：积极心态能吸引财富、成功、快乐和健康，可以使人登峰造极；而消极心态则能排斥这些东西，夺走生活中的一切，它使人终身陷在谷底，即使爬到巅峰，也会被它拖下来。

◎有些人只是暂时使用积极的心态，他们开始时是对的，但是一遇到挫折，就失去信心，心态也由积极的转向消极的，用消极的心态来麻痹、慰藉、封闭自己。他们不了解消极心态产生的后果，期望天上会掉馅饼。

◎无论你自身条件如何恶劣，只要你保持积极心态，并将它和成功定律中的其他定律相结合，就可能达到成功的彼岸。反之，无论你自身条件如何优秀，机会如何千载难逢，如果你心态消极，则你的失败是必然的。

◎不用消极心态的那一面，而使用具有积极的威力的积极心态这一面，是许多杰出人士的共同特征。大多数人都以为成功是透过自己没有的优点而突然降临的，或是我们拥有这些优点，却视而不见。最明显的往往最不容易看见，每一个人最大的优点正是自己的积极心态，其实一点也不神秘。

◎人只有首先改变自己，才能改变你自己不满意的环境，即"如果你是对的，则你的世界也是对的"。你所有的问题全都会随着你的积极心态迎刃而解的。

●拿破仑·希尔成功金钥匙

你有自己的制胜法宝吗？不要忙着摇头，你的制胜法宝其实就在你自己的心中，那就是你自己的心态。拿破仑·希尔认为，这个叫作"心态"的制胜法宝是一把双刃剑，它有两个方面：一方面它能够使用积极的心态让你感受到成功的喜悦，另一方面它又转过来以消极的心态让你尝到失败的痛苦。它主宰你的命运——你的心态会去创造或者是排斥财富，就看你怎样认识和运用这个制胜法宝了。一旦运用得好，那么你就总是保持着喜悦的心情和积极的心态去迎接财富的到来；一旦运用失败，让法宝的另一面对着你，你就会消极失望，与财富背道而驰。所以，如果你想从思维上始终做好致富的准备的话，那么，不要忘了把你的制胜法宝永远摆在积极的那一面！

积极心态需要培养

■森戈的故事

有一天，在穿越高高的喜马拉雅山脉的某个山口时，森戈和他的旅伴看到一个人躺在雪地上。森戈想停下来救助那个人，但他的旅伴说："他是个累赘，如果我们带上他，我们自己的性命也会丢掉的。"

但森戈不能想象把这个人丢在冰天雪地之中，让他被冻死。当和自己的旅伴告别之后，森戈抱起了这个人，并且背在了自己的背上。他背着这个人竭尽全力地往前走。渐渐地，这个冻僵的身躯在森戈的体温下变得温暖起来，并且终于活了过来。过了不久，两个人可以并肩前进了。但是，当他们赶上那个旅伴时，却发现他已经被冻死在冰天雪地之中了。森戈心甘情愿地牺牲自己的一切——包括自己的生命——来救活另一个人，挽救他的生命；而森戈那只顾自己的无情的旅伴，最后却丢了自己的性命。

■汤米·唐森怎样成为关键球员

当汤米·唐森降生的时候，他是一个畸形儿：只有一只畸形的右手和半只脚。但他从来不因为自己的残疾而感到不安，因为从小他的父母就训练他做任何事情。结果是他能做任何男孩能做的事，如果童子军团行军10里，汤米也同样能走完10里。

后来他开始踢橄榄球。他发现，他比任何在一起玩的男孩子都踢得远。为了踢球，他找人专门设计了一只鞋子，穿着它参加了踢球测验，并且成为冲锋队的一名球员。

"你不具备做职业橄榄球员的条件。"教练尽量婉转地告诉他，并且要他去试试其他的行业。最后他申请加入新奥尔良圣徒球队，并且请求给他一次机会。球队的教练虽然心存疑虑，但是还是对他产生了好感，因为教练看到这个男孩是这么自信。因此教练还是决定收下他。

经过两个星期的时间，教练更加对他产生了好感，因为在一次友谊赛中，他踢出了55码远的得分。由于他的优异表现，他获得了专为圣徒队踢球的工作，而且他在那一季中为他的球队踢得了99分。

最伟大的时刻终于到来了，66000名球迷坐满了整个球场。球是在28码线上，比赛离结束只剩下了几秒钟；球队把球推进到45码线上，但是比赛马上就要结束了。教练大声说："唐森，进场踢球。"

当唐森进场的时候，他知道球是由巴第摩尔雄马队毕特·瑞奇踢出来的，而他们队距离得分线有55码远。

球传接得很好，唐森对准球一脚全力踢了过去，球笔直地向前飞去。但是这一脚踢得够远吗？在场的所有球迷都屏住气盯着飞行的皮球，球在球门横杆上几英寸的地方越过。接着，裁判在终端得分线上举起了双手，表示得了3分，唐森一队以19比17获得了胜利。这是最远的一脚得分。球迷都非常兴奋，他们狂呼乱叫，但是却没有人知道这一脚是只有半只脚和一只畸形手的球员踢出来的！

有人大声叫："真是难以置信。"面对这些，唐森只是微笑。他想起了他的父母，他们一直没有说他不能做什么，而总是告诉他能做什么。正如他自己说的："他们从来没有告诉我，我有什么不能做的。"因此，他创造出了这么了不起的纪录。

■小镇的故事

在大多数情况下，你对别人是怎样的态度，别人就会用同样的态度来对你。有这样一个讲述两个不同的人迁移到同一小镇的故事：

第一个人到了市郊，就把车停在一个加油站问一位职员："你们这个镇的人怎么样？"

"你从前住的那个镇的人怎么样？"加油站职员反问。

那个人回答："他们很不友好，真是糟透了。"

加油站职员于是说："你会发现我们这个镇的人也一样。"

第二个驾车人过了些时候也驶进了同一个加油站，向同一个职员问了同一个问题："这个镇的人怎么样？"

"你从前住的那个镇上的人怎么样？"加油站职员同样反问。

第二个人回答："他们十分友好，真是好极了。"

于是加油站职员说："我们这个镇的人也一样。"

同样的回答却表达了不一样的内容。那个职员懂得，你对别人的态度跟别人对你的态度是一致的。

■战争的导火索

有积极心态的人不会在小事情上花时间和精力，因为小事会使他们偏离主要目标和重要事项。这种偏离的产生，往往是由于一个人对一件无足轻重的小事情做出的反应——小题大做。以下是一些值得参考的对小事情的荒谬反应：

1654 年，瑞典与波兰开战。开战的原因是瑞典国王发现在一份官方文书中只有两个附加的头衔写在他的名字后面，但却有三个附加头衔写在波兰国王的名字后面。

大约 900 年前，因桶的争吵而爆发了一场让整个欧洲都饱受蹂躏的战争。

一场英法大战是由于有人不小心把一个玻璃杯里的水溅在托莱侯爵的头上所导致的。

瓦西大屠杀和 30 年战争则是由于一个小男孩向格鲁伊斯公爵扔鹅卵石所引起的。

虽然我们只是普通人，不大可能因为一点小事而发动一场战争，但我们肯定能使自己周围的人仅仅因为一些小事而不愉快。所以一定要记住，一个人的心胸有多大，他就会为多大的事情而发怒。

■记住这些名人名言

莎士比亚："赞美是照在人心灵上的阳光；没有阳光，我们就不能生长。"

心理学家威廉姆·杰尔士："人性最深切的需求就是渴望别人的欣赏。"

丘吉尔："你要别人具有怎样的优点，你就要怎样去赞美他。"

爱默生："人生最美好的补偿之一，就是人们真诚地帮助别人，同时也帮助了自己。"

卡耐基："一个对自己的内心有完全支配能力的人，对他自己有权获得的任何其他东西也会有支配能力。"

成功学专家曾列举了一些有重要意义的提示语，以供参考：

如果相信自己能够做到，你就能够做到。

我心里怎样想，就会怎样去做。

在我生活的每一方面，都一天天变得越来越好。

一切从现在开始做起。

不论我以前是什么人，或者现在是什么人，只要我用积极的心态去行动，我就能变成我想做的人。

我觉得健康，我觉得快乐，我觉得好得不得了。

■乘客的智慧

在底特律生活时，每天早上成功学专家都会搭公共汽车上班。有位脾气暴躁的司机，他根本不理会只差几秒钟就可以赶上的乘客。这位"司机老爷"总是加快油门，扬长而去。这种情形成功学专家见过几十次，甚至几百次。但是有一天，他发现有一个乘客得到了这位司机的特别关照，不论在什么情况下，这位司机一定会等他上车。

原因在哪里呢？因为为了使司机觉得自己很重要，这位乘客想了一些办法。每天早上，他都会跟司机打个招呼，说声："先生，早安。"有时坐在司机旁边时，他会说些使司机觉得自己很重要但却无关痛痒的话。

这些话恰恰能够培养司机积极的心态，让他觉得心情很好，所以工作服务也会周到起来。

●拿破仑·希尔成功信条

◎有些人似乎天生就拥有积极的心态，并且能够把它转化为成功的原动力；而另一些人则必须通过学习才会使用这种动力，并且，每人都是能够学会发展积极的心态的。

◎许多人认为，要想让自己付诸行动，就必须要等到自己有了一种积极的感受。这种想法其实是本末倒置的。积极的心态来源于积极的思维，而积极的思维又是积极行动的结果。心态是紧跟行动的，如果一个人从一种消极的心态开始，等待着感觉把自己引向行动，那他就永远成不了他想做的积极心态者。

◎要想慢慢获得一种美满的感觉，信心日增，使自己人生的目标感越来越强烈，那么就要使你的行动与心态日渐积极。这样会使别人被你吸引，因为人们总是喜欢跟积极乐观者在一起。运用别人的积极响应来发展积极的关系，同时帮助别人获得这种积极态度。

◎成功学专家也曾列举过一些消极心态：

1. 愤世嫉俗，认为人性丑恶；

2. 没有目标，缺乏动力，生活浑浑噩噩；

3. 缺乏恒心，不自律，懒散不振，时时为自己找借口去逃避责任；

4. 心存侥幸，不愿付出，只求不劳而获；

5. 固执己见，不能容人，没有信誉，社会关系不佳；

6. 自卑懦弱，自我压缩，不敢相信自身的潜能，不肯相信自己的智慧；

7. 或挥霍无度，或吝啬贪婪，对金钱没有正确的态度；

8. 自大虚荣，清高傲慢，喜欢操纵别人，嗜好权力游戏，不能与人分享；

9. 虚伪奸诈，不守信用，以欺骗他人为能事，以蒙蔽别人为兴趣。

●拿破仑·希尔成功金钥匙

拿破仑·希尔告诉众人，你的心态是你——而且只有你——唯一能完全掌握的东西；练习控制你的心态，并且利用积极心态来导引你。找出你一生中最希望得到的东西，并立即着手去得到它。借着帮助他人得到同样好处的方法，去追寻你的目标，如此一来，你便可将"多付出一点点"的原则，应用到实际行动之中。你要了解打倒你的不是挫折，而是你面对挫折时所抱的心态。训练自己在每一次不如意中都能发现和挫折等值的积极面。总的来说就是，培养积极的心态，然后去迎接生活的挑战。

第三章

确定积极的目标

·····成功的重要因素——目标的确立·····

■找工作的故事

　　曾经有一个年轻人（暂且称他 Y 先生）跑来找成功学专家询问关于职业的问题。这位 Y 先生大学毕业已经 4 年了，他聪明、举止大方、未婚。

　　他们先从年轻人目前的工作、受过的教育、背景和对事情的态度谈起，然后成功学专家对年轻人说："你喜欢哪一种工作呢——如果我帮你换工作？"

　　Y 先生说："哦！我真的不知道想要做什么，那就是我找你的原因。"

　　这个问题是非常普遍的。误打误撞的求职法很不聪明，所以，替他接洽几个老板面谈对他来说是没有任何帮助的。虽然至少有几十种职业可以供他选择，但是选出合适职业的机会并不会大。成功学专家希望他明白，在找一项职业以前，一定要先对那一行进行深入的了解才行。

　　"让我们换个角度来看看你的计划，"成功学专家说，"你希望 10 年以后自己会怎样呢？"

　　"好！"Y 先生沉思了一下，最后说，"我希望我和别人一样，有很优厚的待遇，并且买一幢好房子。当然，对于这个问题我还没深入考虑过呢！"

　　成功学专家对 Y 先生说："你有这样的态度是很自然的现象。"他继续解释："你现在的情形就好像是在航空公司对别人说'给我一张机票'一样。只有你说出你的目的地，人家才能把机票卖给你。"所以成功学专家又对他说："只有你告诉我你的目标，我才能帮你找工作。而你的目的地只有你自己才知道。"

Y 先生仔细考虑了成功学专家的这一番话。接着，他们又谈了两个小时，主要讨论各种职业目标。成功学专家相信，最重要的一课他已经学到了：出发以前，要有目标。

■横渡英吉利海峡的故事

1952 年 7 月 4 日清晨，浓雾笼罩着加利福尼亚海岸。卡塔林纳岛在海岸以西 21 英里，居住在岛上的一个 34 岁的女人涉水下到太平洋中，开始向加州海岸游过去。佛洛伦斯·恰得卫克是这个妇女的名字，要是她获得了成功，她就是第一个游过这个海峡的妇女。在此之前，她已经成功游过了英吉利海峡，成为第一个从英法两边海岸游过英吉利海峡的妇女。

那天早晨的雾很大，她的身体被海水冻得发麻，她几乎都看不到护送她的船。时间一分一秒地过去，通过电视，千万人都在关注着她的壮举。鲨鱼有几次靠近了她，都被护送的人开枪吓跑了，她仍然在继续往前游。她以往在这类渡海游泳中遇到的最大问题是刺骨的水温，而不是疲劳。

15 个小时过去了，她冻得发麻，而且非常累。她叫人拉她上船，因为她觉得自己不能再游了。在另一条船上是她的母亲和教练，他们都叫她不要放弃，因为离海岸已经很近了。但朝加州海岸望去，除了浓雾，她什么也看不到。

几十分钟之后——也就是距离她出发 15 小时零 55 分钟之后，她被人们拉上了船。几个小时过去之后，她渐渐觉得暖和多了，这个时候，她开始为失败感到沮丧。面对记者，她不假思索地说："说实在的，当时如果看见了陆地，我也许能坚持游完。这么说我并不是为自己找借口。"

但是，她被人们拉上船的地点，离加州海岸只有半英里！后来她说，她半途而废，是因为她在浓雾中看不到目标，而不是因为疲劳，也不是因为寒冷。在恰得卫克小姐的一生中，她就只有这一次没有坚持到底。两个月之后，她终于成功地游过了同一个海峡。更不可思议的是，她不但是第一位游过卡塔林纳海峡的女性，而且所花费的时间比男子纪录还快了大约两个小时。

虽然恰得卫克是个游泳好手，但是她要鼓足干劲完成她有能力完成的任务，也需要看见目标才行。所以，在你规划自己的成功蓝图的时候，千万别低估了可测目标制订的重要性。

■职业的选择

成功学专家曾经跟一个学生有过一段谈话。这个学生的天分很高，他经常在大学报纸上发表作品，有潜力从事新闻行业。在他毕业之前，成功学专家问他："邓先生，毕业以后你有什么打算？准备从事新闻工作吗？"

邓先生说："不会的，新闻工作尽报道些零零碎碎的消息。尽管我非常喜欢写作和报道新闻，而且也发表过一些作品，可是我懒得去做。"

从此之后，大约有 5 年时间，成功学专家没有听到过关于邓的任何消息。有一天晚上，在新奥尔良，成功学专家忽然遇到了邓，当时邓已经在一家电子公司任助理人事主任的职务。可是他却向成功学专家表达了对这个工作的不满："哦！说老实话，公司有前途，工作有保障，我的待遇也很高。但是我很后悔没有一毕业就参加新闻工作，我现在工作根本心不在焉。"

邓先生对工作的厌烦，从他的态度就反映出来了，他看不顺眼许多事情。他根本不会有什么前途，除非他立刻辞职，参加新闻工作。完全投入才能成功——只有完全投入自己真正喜欢的行业，才有成功的一天。

如果邓先生依照他的兴趣去做的话，那么在新闻传播行业也许他早就小有成就了；而如果以长远的眼光来看，他的待遇将比目前要高得多，与此同时，他还能获得更大的成就感。

■毛虫的启示

法国生物学家让·亨利·法布尔做了一项研究。巡游毛虫是他所研究的对象。这些毛虫排成长长的队伍在树上前进，一般都是由一条虫带头，其余的跟着。法布尔准备了一个大花盆，然后把一组毛虫放在花盆的边上，使它们排成一个圆形，首尾相接，然后观察它们的行为。这些毛虫像一个长长的游行队伍，没有头，也没有尾。它们开始行动，沿着花盆边不停地走着。法布尔摆了一些食物在毛虫队伍旁边，但这些毛虫只有解散队伍，不再一条接一条前进才能吃到食物。

法布尔预料，毛虫很快会转向食物，因为它们会厌倦这种毫无用处的爬行。可是，毛虫没有这样做。出于本能，在7天7夜的时间里，毛虫一直沿着花盆边以同样的速度走着，只有当它们饿死了它们才会停止。

这些毛虫遵循着它们过去的经验、惯例，也就是它们的本能、习惯、传统、先例，或者随便你怎样定义产生这种行为的原因。它们的工作毫无成果，尽管它们干活很卖力。这些毛虫代表了许多不成功者，他们自以为干活本身就是成功，忙碌就是成就。

■成功人士懂得把握现在

人在现实中通过努力实现自己的目标，正如希拉尔·贝洛克说的那样："当你做着将来的梦或者为过去而后悔时，你唯一拥有的现在却从你手中溜走了。"

目标使我们能把握住现在，尽管目标是朝着将来的，是有待实现的。为什么呢？因为这样能把大的任务看成是由一连串小任务和小的步骤组成的，要实现任何理想，都要制订并且达到一连串的小目标。几个小目标、小步骤的实现就会成为每个重大目标实现的必经过程。所以，如果你想成功实现你的目标，那么你就要集中精力于当前手上的工作，心中明白你现在的种种努力其实都是在为实现将来的目标铺路。

成功人士从来都不会事后补救，他们总是事前决断。他们总是可以不用等别人的指示而提前谋划。不会事前谋划的人是不会有进展的。他们不允许其他人操纵他们的工作进程。要想制作一幅通向成功的交通图，你就要先有目标。正如18世纪发明家兼政治家富兰克林在自传中说的那样："我总认为一个能力很一般的人，如果有个好计划，是会有大作为的。"我们以《圣经》中的挪亚为例，他并没有等到下雨了才开始造他的方舟。目标能帮助我们事前谋划，迫使我们把要完成的任务分解成可行的步骤。

●拿破仑·希尔成功信条

◎有了目标，内心的力量才会找到方向，才不会漫无目的地飘荡。

◎成功学专家说，要想成功，拥有正确的、积极的心态是第一步。一旦打下了基础，你就可以在上面建筑了，而目标则是构筑成功的砖石。目标是成功路上的里程碑。目标不仅能界定追求的最终结果，而且在整个人生旅途中都起着巨大的作用。

◎目标有助于我们避免不利情况发生。如果你制订了目标，定期检查工作进度，把重点从工作本身转移到工作成绩上，那么你就能做出足够的成果来，这才是提高成绩的正确方法。

◎随着你工作效率的提高，随着一个又一个目标的实现，你会逐渐明白实现目标要花多大的力气，你往往还能悟出如何用较少的时间来创造较多的价值。这会反过来引导你制订更高的目标，实现更伟大的理想；你对自己、对别人也会有更准确的看法。

◎我们一旦给自己定下目标之后，目标既是努力的依据，也是对你的鞭策，它具有这两个方面的作用。你的成就感会随着你努力去实现这些目标而不断增加。对你来说，随着时间的推移，你实现一个又一个目标，这时你的思想方式和工作方式也会渐渐改变。

◎如果想要把我们的日常工作安排得井井有条，那么制定目标就是一个好办法。没有这些目标，我们很容易就会陷入琐碎的、跟理想毫无关系的日常事务中，成为琐事的奴隶，而忘记什么才是最重要的事情。有人曾经说过，"智慧就是懂得该忽视什么东西的艺术"，道理就在于此。

●拿破仑·希尔成功金钥匙

目标很重要，目标决定了人生的走向，人生就是向着一个正确的目标前进的过程。有目标的人是活得有意义的人，能看清人生本身并把握住这一过程的人是活得充实而真实的人——"没白活一辈子！"这句话，将人生的过程和目标很好地结合起来。正如俗话说的"志存高远"，将目标定得足够高、足够远的人，他也能走得足够辉煌。所以，拿破仑·希尔鼓励所有人去确立自己的目标，因为这是展开美好人生的第一步。

·········· 明确目标的选择和设定 ··········

■旅行与旅行计划

有一个人一直想到中国去旅游，于是他制订了一个旅行计划，并找了能找到的各种材料——关于中国的艺术、历史、哲学、文化，然后花了几个月进行阅读。中国各省地图他都进行了研究，飞机票订好了，详细的日程表也制订出来了，要去观光的每一个地点都被他标了出来，甚至每个小时去哪里也都定好了。

在他预定回国的日期到了后的某天，他的一个朋友来他家做客，问他："中国怎么样？"

"我想，中国是不错的。可我没去。"这人回答。

这位朋友大惑不解："什么！出什么事啦？你花了那么长时间做准备，怎么没去呢？"

"制订旅行计划才是我所喜欢的，而且我不愿去飞机场，受不了，所以待在家没去。"

身体力行去实践是不能被苦思冥想、谋划如何有所成就所代替的，没有行动的人只是在做白日梦。

■你要如何去拥有一间办公室

美国有一位在建筑业颇有名气的商人曾经接受记者的采访。关于他如何能在短短 10 年内成为美国耀眼的财富明星，关于他如何进行投资、如何确立目标的讨论都是人们所关注的焦点。于是这位记者提出问题道："请问您是如何成功的？而让人无法成功的关键又在哪里呢？"

"成功首先来自于明确的目标，如果你没有明确的目标，那么你肯定是无法成功的。"这位富翁回答说。记者于是请他做出进一步的解释。这位富翁就反问记者说："如果是你的话，你有怎样的目标呢？"记者回答说："我的目标就是在纽约的大楼上拥有自己的办公室。"

富翁笑笑说："这其实是一个非常模糊的目标。你连这座大楼应该是哪一幢都没有明确的概念，怎么可能知道自己将会拥有一个怎样的办公室呢？

而且你也没有给出一个时间上的期限，那么你在未来哪一天才能够进入这样的大楼呢？"

"而且你还要做精确的计算。"富翁告诉记者，"你想要的办公室的现值你要知道，然后考虑通货膨胀，算出 5 年后房子的价值；接着你必须确定，每个月要存多少钱才能达到这个目标。如果你真的这么做了，在不久的将来，你可能就会拥有一幢大楼里面的办公室了。但如果你只是说说，你就可能不会实现自己的梦想。虽然梦想总是愉快的，但如果你的梦想只是没有配合实际行动计划的模糊梦想，那么这种梦想也只能是空想。"

■三代的神秘之谜

有一位丈夫被他的妻子叫到商店买火腿。买后，他的妻子就问他为什么火腿末端没有叫肉贩切下来。这位丈夫反问他的太太，末端为什么要切下来。她说，理由是她母亲就是这么做的。岳母这时正好来访，他们就问她为什么总是把火腿的末端切下来。岳母回答说，她母亲也是这样做的。然后，为了解开这个三代的神秘之谜，母亲、女儿和女婿决定拜访外祖母。外祖母很快就做出了回答：她是因为当时的烤炉太小，无法烤出整只火腿，所以切下了末端。现在，外祖母有她行动的理由了，那你呢？

■目标的制订

需要 10 年、20 年，甚至终生为之奋斗的是人生大目标。对成功经验不足、阅历不深的人来说，这样的大目标是很难精确详细的。要想使人生大目标得到清晰明确的确立，那么就要有不断增加的成功经验，以及阶段性的中短期目标的实现。

3 ～ 5 年或者 1 ～ 2 年的目标都可以成为中短期目标，有的短期目标要短到半年、3 个月。只有具体、明确并有时限的目标，才具有指导行动和激励的价值，那些不具体、不明确的目标是没有价值的。必须要让你自己在特定的时间内集中精力，开动脑筋，调动自己和他人的潜能，完成特定的任务，为实现目标而奋斗。如果目标没有明确具体的时限，任何人都难免精神涣散、松松垮垮，这样就谈不上成功和卓越。

跟行动同等重要的是定期评估。随着你计划的实施，有时候你会发现你的短期目标与你的长期目标可能不一致；或者，随着行动的开展，你可能发现你当初制定的目标不怎么现实；又或者，你会觉得你的中长期目标中，有一个并不符合你的理想及人生的最终目标。无论是何种情况，你都需要做出调整。越是没有把握，容易失误，就越需要重新评估及调整你的目标。

●拿破仑·希尔成功信条

◎几乎每一个人都知道，目标很重要。然而，一般人在人生的道路上，只是朝着阻力最小的方向行事，他们是"徘徊的大多数普通人"，而不是"有意义的特殊人物"。而你必须是一位"有意义的特殊人物"，而不应该是"徘徊的大多数普通人"中的一位。

◎有远大目标的人有可能取得成就，是因为目标远大会给人以创造性火花。正如约翰·贾伊·查普曼说的："世人历来最敬仰的是目标远大的人，其他人无法与他们相比。贝多芬的交响乐、亚当·斯密的《国富论》，以及人们赞同的任何人类精神产物——你热爱它们，因为你说，这些东西不是做出来的，而是他们的真知灼见。"

◎把自己的人生目标清楚地表述出来，是使自己集中精力的最佳办法。其实，每个人都希望发现自己的人生目标，并为实现自己的人生目标而奋斗。把人生目标清楚地表述出来，以你的梦想和个人的信念作为基础，这样才能助你时时集中精力，发挥出高水平，最终实现人生目标。

◎如果你期望伟大，必须每天朝着目标工作，这是伟大与接近伟大所必须要领悟到的。每一对想养育出有教养的可爱孩子的父母，都知道高尚的人格与信仰是每天不断培养的结果。

◎现实行动要想成功，就必须以中短期目标为行动的指南。不要去做一些没有激励作用的事情，这些事情低于自己的水平，根本不能提高自己的能力；但如果眼高手低，没有一个切实可行的计划，不能在一两年内明显见效，则会挫伤积极性，反而起消极作用。

●拿破仑·希尔成功金钥匙

> 在这一小节当中，拿破仑·希尔指明了当心中已经认为确定一个正确的目标是必需的时，该如何来确定这样的目标。这样的目标其实并非是孤立的，也并非一次就能够完成。确立目标的过程也就是一个不断实践、不断进步的过程。所以，当你的人生有许多目标时，你首先要做的是选择最重要的目标，然后实现它；选择下一个目标，再实现它。不断选择，不断实现，你就一定能够做到不断进步。

将目标转化为现实的步骤

■席尔瓦·雷德的坚持

席尔瓦·雷德先生是一位著名的战地记者。在 1957 年 4 月号的《读者文摘》上，他曾撰文表示，"继续走完下一里路"是他所收到的最好忠告。下面是其文章中的一段：

"我跟几个人在第二次世界大战期间，有一次为了逃生，不得不从一架破损的运输机上跳伞，结果迫降在缅印交界处的树林里。拖着沉重的步伐往印度走就是当时唯一能做的事情。走到印度的全程长达 140 英里，而且必须翻山越岭、长途跋涉；不仅如此，一路上还要遭受 8 月的酷热和季风所带来的暴雨的侵袭。

"才走了一个小时，我的一只脚就被长筒靴的鞋钉扎破了，双脚在傍晚的时候磨起泡并出血。这 140 英里的路程我能一瘸一拐地走完吗？和我比起来，别人的情况也差不多，甚至还要更糟糕。他们还能不能走呢？我们以为完蛋了，但是又不能不走。我们别无选择，只好硬着头皮走完下一英里路，为的就是在晚上找个地方休息。"

■作家的故事

里莫是美国 20 世纪 20 年代一位畅销书作家，他说："当我开始为写一本 25 万字的书而推掉其他工作的时候，我的心一直定不下来。我一直引以为荣的作家尊严差点被我放弃，也就是说，我几乎不想干了。最后，我强迫自己不去思考下一页怎么写，当然更不是下一章，而只去想下一个段落。整整6个月的时间，除了一段一段不停地写，我什么事情也没做，结果我居然写成了这本书。

"我在几年以前接了一件差事，主要负责每天写一个广播剧本。到目前为止，我一共写了2000个剧本。如果当时签一份'写作2000个剧本'的合同，这个庞大的数字一定会吓倒我，我甚至会把它推掉。好在每次只要写一个剧本，接着再写下一个，日积月累，就这样真的写出这么多了。"

■赫尔的奋斗史

1908年，在田纳西州，年轻的赫尔在一家杂志社工作，同时他还在上大学。由于他在工作上的杰出表现，他被杂志社派去访问一位富有的钢铁企业家德尔。德尔十分欣赏这个年轻人，他觉得这个年轻人精力充沛、积极向上、有闯劲、有毅力、理智与感情又平衡。他对赫尔说："我向你提出挑战，在5年的时间内，我要你专门研究美国人的成功哲学，然后得出一个答案。但我不会你做出任何经济支持，而只会写介绍信为你引荐这些人。你肯接受吗？"

年轻的赫尔勇敢地承诺："接受！"因为他相信自己的直觉。

5年间，赫尔在德尔的引荐下遍访了当时美国最富有的企业家们，并且长期研究他们的成功之道。他写出了许多关于生活哲学以及成功哲学的著作，并且还成了许多企业家的经济顾问，自己最后也成为一位富翁。

●拿破仑·希尔成功信条

◎进步是一点一滴不断地努力得来的，这是每一个想要获得成功的人都应该知道的。每个重大的成就都是一系列的小成就累积成的。

◎在有生之年，当你的潜意识闪现出"现在就做"的提示到你的意识时，你应该做的事情就是立刻投入以适当的行动，这是一种能使你成功的良好习惯。这种良好的习惯是把事情完成的保证，它影响到日常生活的每一方面。

◎马上就去做，它可以帮你迅速完成你应做但不喜欢做的事，它能使你在面对不愉快的责任时不至于拖延，也能帮助你做你想做的事，能帮助你抓住那些宝贵的、一旦失去便永远追不回的时机。

◎想要实现任何目标，都必须按部就班做下去才行。对于那些初级经理人员来讲，要把握好"使自己向前跨一步"的好机会，不管被指派的工作多么不重要。推销员要想迈向更高的管理职位，那么每促成一笔交易，就成了一次积累。

◎有时某些人看似一夜成名，但是事实上他们的成功并不是偶然得来的。如果你仔细看看他们的历史，你就会知道，他们早已倾入无数心血、打好坚固的基础了。

●拿破仑·希尔成功金钥匙

当目标已经确定，首要任务就是思考如何将这个目标转化为现实。拿破仑·希尔认为，如果希望自己确定的目标最终能够成为现实，首先，必须要"立即行动起来"，想到了就去做，这样，目标才不会沦为空想，才有可能成为现实；其次，在实施目标的过程中，需要有正确的计划，没有计划地去实践目标，只能是浪费时间；第三，需要有坚定的信念和毅力去完成这个目标，不能半途而废，要相信自己的能力。拿破仑·希尔提醒那些还躺在床上做梦的人：目标不仅仅是制订出来就可以了，还需要通过一系列的步骤将它实现，否则你仍然会一无所成。

第四章

信心非常关键

········ 自信心的建立和巨大能量 ········

■具有自信的里根

虽然只是一个演员，里根却立志要当总统。

罗纳德·里根在 22 岁到 54 岁之间，从电台体育播音员干到了好莱坞的电影明星。他对于从政完全是陌生的，没有什么经验可谈，因为他的整个青年到中年的岁月，都陷在文艺圈内。如果里根想涉足政坛，这一现实无疑成为一大拦路虎。然而，当保守派和共和党内一些富豪竭力怂恿他竞选加州州长时，里根觉得机会来了。他毅然决定放弃影视——这个他大半辈子赖以为生的职业。

当然，毕竟信心只是一种精神力量，它只能起到自我激励的作用。一旦它失去了依托，离开了自己所依据的条件，就难以变希望为现实。大凡想有所作为的人，都只有脚踏实地，远行的路才能从他的脚下踏出来。正如里根要改变自己的生活道路那样，这是与他的知识、能力、经历、胆识分不开的，而并非他的突发奇想。里根角逐政界的信心是通过两件事树立起来的。

■里根的两件事情

一件事是通用电气公司聘请他做电视节目主持人。里根用心良苦，花大量时间在各个分厂巡回，广泛接触工厂中的管理人员和工人，目的就是为了办好这个遍布全美各地的大型联合企业的电视节目，使普遍存在的工人情绪低落的状况通过电视宣传得以改变。这也使得他有大量机会全面了解社会的政治、经济情况，认识社会各界人士。从职工收入、工厂生产、社会福利到政府与企业的关系、税收政策等等，人们什么话都告诉他。

通过节目主持人的身份将这些话题消化吸收后，里根把它们反映了出来。这些话题立刻引起了强烈的共鸣。为此，该公司董事长曾意味深长地对里根说："你将来一定会有所收获，只要你将这方面的经验、体会认真总结一下，为自己立下几条，然后身体力行地去做。"这番话无疑把弃影从政的种子深深地埋在了里根的心中。

另一件事是，在他加入共和党之后，利用演员身份，他在电视上发表了一次演讲，题为"可供选择的时代"，目的是帮助保守派头目募集资金，竞选议员。

由于出色的表演才能，他的演讲大获成功，100万美元在演说后立即募集到了，以后又陆续收到了不少捐款，最后总数达600万美元。《纽约时报》称这次演说是美国竞选史上筹款最多的。一夜之间，在共和党保守派心目中，里根成为他们的最佳代言人，他的出色表现也引起了操纵政坛的幕后人物的注意。

■里根与政治对手的差别

更令人振奋的消息这时候传来了。地道的电影明星、里根在好莱坞的好友乔治·墨菲与老牌政治家塞林格竞选加州议员，塞林格曾经担任过肯尼迪和约翰逊的新闻秘书。凭着38年的舞台银幕经验，乔治·墨菲在有着巨大政治实力差距的情况下唤起了早已熟悉他形象的老观众们的巨大热情，意外地大获全胜。原来，如果运用得当，演员的经历也会为争夺选票、赢得民众发挥积极作用，而不是从政的障碍。发现了这一秘密之后，里根便充分利用自己的优势——轮廓分明、五官端正的好莱坞"典型美男子"的风度和魅力；一批著名的影星、歌星、画家等艺术名流也被他邀请来助阵，在塑造形象上他下足了工夫。他的这一举措使共和党竞选活动大放异彩、别开生面，吸引了众多观众。

然而在里根的对手布朗这位多年来一直担任加州州长的老政治家的眼中，这一切却只不过是"二流戏子"的滑稽表演。他认为无论如何里根的政治形象毕竟还只是一个稚嫩的婴儿，不管他的外部形象怎样光辉。于是他抓住这一点，攻击里根毫无政治经验。殊不知里根却顺水推舟，干脆以一个诚实热心、纯朴无华的"平民政治家"形象出现。从政的经历里根固然没有，但有从政经历的布朗恰恰有更多的失误，给人留下了把柄，这一切成就了里根的辉煌。

■海伦的奋斗史

刚出生时，海伦能听、能看，也会咿呀学语，是一个正常的婴孩。可是，在她才 19 个月大的时候，一场疾病却使她变成了又聋又瞎的小哑巴。

小海伦在生理的剧变下性情大变。她简直就是个十恶不赦的"小暴君"：一遇到不顺心的事，她就会乱敲乱打，野蛮地用双手抓食物塞入口中；如果有人试图纠正她，她就会乱嚷乱叫，并且在地上打滚。绝望之余，父母只好将她送至波士顿的一所盲人学校，特别聘请了一位老师照顾她。

所幸的是，在黑暗的悲剧中，小海伦遇到了安妮·沙莉文女士——一位伟大的光明天使。沙莉文也有着不幸的经历。10 岁时，她和弟弟一起被送进麻省孤儿院，整个童年都在孤儿院里过着悲惨的生活。由于房屋紧缺，幼小的姐弟俩只好住进放置尸体的太平间。她的弟弟在卫生条件极差的环境中，6 个月后就夭折了。在 14 岁的时候，她也得了眼疾，几乎失明。后来，她被送到帕金斯盲人学校学习指语法和盲文，于是便成为海伦的家庭教师。

沙莉文女士从此就与这个遭受三重痛苦的姑娘开始了斗争。沙莉文女士必须一边和她格斗一边教她洗脸、梳头、用刀叉吃饭。面对严格的教育，固执己见的海伦全力反抗着，她不停地哭喊、怪叫。然而最终，在一个月的时间里，沙莉文女士就和生活在绝对沉默、完全黑暗世界里的海伦取得了很好的沟通。她是怎么做到的呢？信心与爱心是取得成功与重塑命运的工具——这就是答案之所在。

海伦·凯勒所著的《我的一生》一书，对这件事有一段深刻的、感人肺腑的描写：一位没有多少"教学经验"的年轻的复明者，将惊人的信心与无比的爱心倾注在一位全聋全哑的小女孩身上——先以潜意识的沟通和身体接触的方式为她们的心灵搭起一座桥；接着，让小海伦的心里产生了自爱与自信，从而从痛苦的孤独地狱中走了出来并通过自我奋发，无限发挥潜意识的能量，最终走向了光明。

就是这样，用爱心和信心作为"药方"，两人手携手、心连心，经过一段不足为外人道的挣扎，把海伦那沉睡的意识唤醒了。当语言被一个既聋又哑且盲的少女初次领悟到时，那种令人感动的情景是难以形容的。

■海伦和外界的沟通

"在我初次领悟到语言的存在的那天晚上，我兴奋不已地躺在床上，第一次，我希望天亮——我想我当时的喜悦再没其他人可以感觉到吧！"海伦曾写道。

海伦学会了与外界沟通，用指尖的触觉去代替眼和耳，虽然她仍然是失明的，仍然是聋哑的。10 多岁时，她成为残疾人士的模范，她的名字就已传遍全美。

海伦最开心的一天是 1893 年 5 月 8 日，这也是电话发明者贝尔博士值得纪念的一天。在这一天，作为成功人士的贝尔博士成立了他那著名的国际聋人教育基金会，而为会址奠基的正是 13 岁的小海伦。

成名后，小海伦继续孜孜不倦地接受教育，她并未自满。这个学会了盲文、指语法及发声，并通过这些手段获得超过常人的知识的 20 岁姑娘，1900 年进入哈佛大学拉德克利夫学院学习。"我已经不是哑巴了！"这是她说出的第一句话。发觉自己的努力没有白费的她异常兴奋，不断地重复说："我已经不是哑巴了！"作为世界上第一个受到大学教育的盲聋哑人，四年后她以优异的成绩毕业了。

不仅学会了说话，海伦还学会了用打字机写稿和著书。她读过的书比视力正常的人还多，虽然她是个盲聋哑人。而且，她比"正常人"更会鉴赏音乐；不仅如此，她还著了七部书。

海伦·凯勒是一个"造命人"，她战胜了常人"无法克服"的残疾。全世界都赞赏她，为她的事迹而震惊。她大学毕业那年，在圣路易博览会上，人们设立了"海伦·凯勒日"。她始终充满热忱，对生命充满信心。她喜欢划船、游泳，以及在森林中骑马；她喜欢用扑克牌算命和下棋；在下雨的日子，她就以编织来消磨时间。

身为一个三重残废，海伦·凯勒终于战胜了自己，体现了自身价值，她所凭的是她那坚定的信念。她虽然没有成为政界伟人，也没有发大财，但是，她取得了比政客、富人还要大的成就。

第二次世界大战后，为了唤起社会大众对身体残疾者的关注，她在欧洲、亚洲、非洲各地巡回演讲。海伦·凯勒被《大英百科全书》称颂为有史以来残疾人士中最有成就的代表人物。

"19世纪中，最值得一提的人物是拿破仑和海伦·凯勒。"美国作家马克·吐温评价说。

●拿破仑·希尔成功信条

◎信心对于立志成功者具有重要意义。有人说：对于成功的欲望是创造和拥有财富的源泉。人一旦拥有了这一欲望，就会由自我暗示和潜意识的激发后形成一种信念，这种信念便会转化为一种"积极的意识"。它能够激发潜意识释放出无穷的热情、精力和智慧，进而帮助人们获得巨大的财富与事业上的成功。

◎成功者就是那些拥有坚强信念的普通人。从某种程度上来说，成功的程度取决于你信念的坚强程度。不要总被自己的缺点所迷惑和误导。信心多一分，成功多十分。你应该学会自信。

◎有人把"信心"比喻为"一个人心灵建筑的工程师"。在现实生活中，信心一旦与思考相结合，就能激发潜意识激起人们表现出无限的智慧力量，使每个人的欲望追求转化为物质、金钱、事业等方面的有形价值。

◎信心是一个人获得成功的动力和力量；信心会创造奇迹，同时是创立事业之本。不计辛劳，勇往直前，定让你的人生大放异彩。信心的力量是惊人的，它可以改变恶劣的现状，带来令人难以置信的圆满结局。

充满信心的人永远不会倒下，他们是人生的胜利者。

◎"信心是心灵的首要的化学家。当信心融合在思想里，潜意识会立即拾起这种信心，把它变成等量的精神力量，再转送到无限智慧的领域里，促成成功思想的物质化。"

●拿破仑·希尔成功金钥匙

信心是我们构建一切行动的基础。在做一件事情之前，如果我们没有信心将它做好的话，那么我们是不可能做好这件事情的，即使勉强为之，最终也逃不了失败的命运。自信能够打开我们的内心世界，能够让我们以积极的心态去释放自己的潜能。所以拿破仑·希尔认为，信心将创造奇迹，而只有那些自信的人才能拥有成功。

意志的地牢——恐惧；自信的绊脚石——自卑

■心态的差异

自卑是一种消极的自我评价或自我意识，即个体因认为自己在某些方面不如他人而产生的消极情感。自卑感就是个体对自己的能力、品质评价偏低的一种消极的自我意识。生活在自卑感阴影下的人总认为自己事事不如人，他们自惭形秽、丧失信心，进而悲观失望、不思进取。一个人若被自卑感控制，其精神世界将会受到严重的影响，聪明才智和创造力也会因为受到束缚而无法正常发挥作用。所以，自卑是束缚创造力的一条绳索。

1951年，在英国，从拍得极好的DNA（脱氧核糖核酸）的X射线衍射照片上，费朗科林发现了DNA的螺旋结构。之后，他就这一发现发表了一次演讲。然而，他却很可惜地放弃了这个假说，因为他生性自卑，又怀疑自己的假说是错误的。在费朗科林之后，科学家伍森和科莱克于1953年也从照片上发现了DNA的螺旋结构，于是他们将DNA双螺旋结构的假说提了出来，从而标志着生物时代的到来。因为他们的这项巨大贡献，二人获得了1962年度的诺贝尔医学奖。可想而知，如果费朗科林坚信自己的假说，进一步进行深入研究，而不是自卑的话，他的名字肯定会因为这个伟大的发现而载入史册。可见，一个人如果做了自卑情绪的俘虏，将会很难有所作为。

■三个孩子初次到动物园的故事

在恐惧的控制下，是不可能取得任何有价值的成就的。有一位哲学家写道："恐惧是意志的地牢，它跑进去，躲藏起来，企图在里面隐居。恐惧带来迷信，而迷信是一把短剑，伪善者用它来刺杀灵魂。"

成功学专家曾经讲述过三个孩子初次到动物园的故事：

"当他们（三个孩子）站在狮子笼面前时，躲在母亲的背后。第一个孩子全身发抖地说道：'我要回家。'第二个孩子站在原地，脸色苍白，他用颤抖的声音说道：'我一点都不怕。'第三个孩子目不转睛地盯着狮子，问他的妈妈：'我能不能向它吐口水？'事实上，自己所处的劣势这三个孩子都已经感到了，但是依照自己的生活样式，每个人各自的感觉都被他们用自己的方法表现出来了。"

■打字机前的牌子

一个牌子悬挂在成功学专家用来撰写成功学书籍的打字机前面，下面的一些字句用大写字母写在了牌子上：

"日复一日，在各个方面，我都将获得更大的成功。"

在看到这个牌子之后，一名怀疑者问成功学专家"那一套"他是否真的相信。成功学专家回答说："我当然不相信。在这个牌子的协助下，我'只不过'从我本来担任矿工的那个煤矿坑脱离了出来，并在这个世界谋得了一席之地，使我能够协助10万人力争上游，把与这个牌子内容相同的积极思想灌输到他们的思想中去。所以，我为什么还要相信它呢？"

在起身准备离去时，这个人说道："好吧，这一套哲学也许有它的一点道理，因为，成为失败者是我一直害怕的，我的这种恐惧到目前为止可说已经彻底克服了。"

■贝利的故事

世界上众多足球迷对球王贝利的名声早已有所耳闻，但是，许多人肯定会觉得不可思议——这位大名鼎鼎的超级球星曾是一个自卑的胆小鬼。

时间倒退 30 年，当贝利得知自己已入选巴西最有名气的桑托斯足球队时，竟然紧张得一夜都睡不着觉。那时的贝利可一点也不潇洒。他翻来覆去地想着："我会被那些著名球星笑话吗？那样尴尬的情形万一发生了，我有脸回来见家人和朋友吗？"他甚至还无端猜测："那些大球星肯定也不过是想用我的笨拙和愚昧来衬托他们绝妙的球技，即使他们愿意与我踢球。如果在球场上我被他们当作戏弄的对象，然后被当作白痴打发回家，我该怎么办？怎么办？"

因为贝利根本就缺乏自信，所以他寝食难安，他的内心有一种前所未有的怀疑和恐惧。

贝利分明是同龄人中的佼佼者，但他却不敢迈近渴求已久的现实，而情愿沉浸于希望之中，这一切全都是因为他的忧虑和自卑。这么一个当初心理素质非常脆弱、优柔寡断的自卑者，后来竟成了世界足坛上叱咤风云、称雄多年、以锐不可当的气势踢进了 1000 多个球的一代球王贝利。这一切真是不可思议。

在身不由己的情况下，贝利终于来到了桑托斯足球队，当时他的那种紧张和恐惧的心情简直没法形容。"我在正式练球开始的时候已吓得几乎快要瘫痪了。"他就是这样走进一支著名球队的。按照他原来的预想，刚进球队，教练也只不过会让他练练传球、盘球什么的，然后便肯定会当板凳队员。哪知第一次教练就让他上场，不仅如此，还把主力中锋这么重要的位置交给他。贝利紧张得半天都没回过神来，他的双腿像没有长在自己身上似的，每次球滚到他身边，他都觉得好像是别人的拳头向他击过来。他在这样的情况下几乎是被硬逼着上场的。但是一旦当他迈开双腿不顾一切地奔跑在场上的时候，跟谁在踢球，甚至连自己的存在他就都渐渐忘记了，习惯性地接球、盘球和传球是他唯一记得的事情。在快要结束训练时，他以为又是在故乡的球场上练球，而已经忘了自己是在桑托斯球队训练……那些使他深感畏惧的足球明星对他相当友善，其实并没有一个人轻视他。如果拥有稍微强一些的自信心，贝利也不至于受那么多的精神煎熬。

问题在于，贝利总是难以自满，因为他从小就自视太高、自尊心太强。正因为他把自己看得太重，所以他产生了紧张和自卑的情绪。他一心只以极苛刻的标准为衡量尺度来考虑别人将如何看待自己，这样的做法又怎能不导致怯懦和自卑呢？本身所具有的活力和天赋会被极度的压抑所淹没。

贝利克服紧张情绪、战胜自卑心理的法宝正是忘掉自我，专注于足球，保持一种泰然自若的心态。

●拿破仑·希尔成功信条

◎自信是一种意念，是一种意志；恐惧则是意志的地牢。

◎人类最无法弥补的一种损失就是，不知用一种明确的方法来激发人的自信心。在青年学生受完他们的教育之前，竟然没有一位老师能够把这种已知的发展自信心的方法传授给他们，这实在是人类文明一项无可估计的损失。因为，对自己缺乏信心的人，并不能算做已受过正常的教育。

◎从主体角度来看，环境因素虽对自卑的形成有很大的影响，但其最终形成还受到个体的生理状况、能力、性格、价值取向、思维方式及生活经历等因素的制约，尤其是受其童年经历的影响。

◎所谓成就，无非就是扬长避短、尽力而为的结果。即使没有成就、没有建树，只要你充分发挥了生命，你就成功享受了人生的乐趣。不怀疑自己的能力，不迷信他人，这是生命得以发挥的心理基础。

◎一个人的真正价值，首先取决于能否从自己设置的陷阱里超越出来，而真正能够解救你的那个人就是你自己。正所谓"上帝只帮助那些能够自救的人"。

◎强者不是天生的，也并非没有软弱的时候；强者之所以成为强者，正在于他能够战胜自己的软弱。贝利战胜自卑心理的过程告诉我们：尽量不要去理会那些使你认为你不能成功的疑虑，勇往直前，即使失败也要去试试看，其结果往往令人惊奇。久而久之，你就会从紧张、恐惧、自卑的束缚中解脱出来。医治自卑的对症良药就是：不甘自卑，发愤图强，予以补偿。

●拿破仑·希尔成功金钥匙

很多时候，恐惧并不是因为事物本身的恐怖，而是来自于我们内心的不自信、我们内心的自卑。我们认为无法做好这件事情，害怕被失败感缠绕，所以我们感到恐惧。自卑的心理是消极的心态在作祟，消极的心态让我们不思进取，让我们成为懦弱的自卑者。对抗消极心态的唯一方法就是将制胜法宝翻到另外一面，用积极的心态对人生做出冲击，这样你才能从生活的泥潭中走出来。记住那句话：如果你自救，上帝就会来到你的身边！

作为一个现代人，也应时刻做好迎接失败的心理准备。世界充满了成功的机遇，也充满了失败的可能。所以，要不断提高自我应付挫折与抗干扰的能力，调整自己，提高社会适应力，坚信成功孕育在失败之中。如果在每次失败之后都能有所"领悟"，把每一次失败当作成功的前奏，那么你就能化消极为积极，变自卑为自信，失败就能领你进入一个新的境界。

自信心建立的方法

■严肃的"身份争夺"战

成功学专家曾经做过这样一个实验：他在一个讨论青少年自尊的研讨会上征求了八位志愿者；他请这些志愿者站到课堂前，并且把一块由纸板做成的"身份卡"发给每个人，让他们把卡片挂在脖子上，以显示他们在生活中的假想身份。

他们的身份都写在每张卡片的正面：婴儿、工友、医生、律师、棒球选手、摇滚歌星、太空人。然后，成功学专家要求这八个人按照他们认为重要的身份，按序排成一排。这八个学生你推我挤的，个个都认为自己最重要。一场严肃的"身份争夺"战展开了。

"太空人"首先站到排头，他说："因为我去过的地方，你们其余的人都没有去过，所以排在最前面的应该是我；此外，因为地球现在太拥挤了，所以我也将寻找另一处可居住的地方作为人类的家园！"（台下的学生纷纷鼓掌）

"摇滚歌星"走上来之后，将"太空人"推挤到第二位（台下的学生发出欢呼声），他说："外太空我早已经去过了，我还可以把你买下来，让你担任我私人喷射机的驾驶员，因为我赚的钱最多。"

"棒球选手"这个时候走了上来："我应该排在最前面，我认为。我和摇滚明星所赚的钱一样多，而且，在每个晚上，我都从事健康活动——在大群观众面前比赛，我的工作对你们有莫大的好处。"（更多的欢呼声）

这时候，轮到"医生"走到第一位了："因为我负责在你们受伤或生病

时为你们医治，而且，我赚的钱也不少，因此我应该排在第一位。"（掌声稀稀拉拉）

"律师"走了上来："你们必须把所有的钱拿来付给我，因为我能使你们坐牢，或者使你们不必坐牢，所以我才是最好的。"（欢呼）

"母亲"走了上来："因为你们所有的人都是我带到这个世界来的，所以我才是最重要的。"（掌声也是稀稀拉拉）

"婴儿"也走了上来："因为我们所有的人都曾经是婴儿，然后我们才能成为母亲，或成为其他任何人，所以我才应该排在第一位。"（鼓掌声）

最后只剩下"工友"没说话了。担任"工友"的这位学生，似乎知道只要他一开口说话就会惹来哄堂大笑，再说这不过是一场所有的参加者都自愿的游戏，所以他知道他不必和大家去争名次。而且"工友"知道他不会被当作第一名看待，所以扮演"工友"的那位学生就主动地认为自己是第八名。

成功学家在这八名志愿者回到班级行列之前把他对他们的真正要求告诉了他们："我希望你们安排自己的位置，依据的是你们的重要性。但像你们这样狗咬狗、谁都想做王确实是我所不想看到的，我所要求的是你们大家手拉手，围成一个互相新生的圆圈。你们之中的每一个人，都和其他任何一位具有相同的价值，不管他的外表长得如何，或者他所从事的是什么工作。"

■撞车后的微笑

成功学专家曾经讲了一个自己的亲身经历："有一天，我的车在十字路口的红灯前停了下来。突然'砰'的一声，后面那辆车撞到了我车后的保险杆，原因是驾驶员的脚从刹车器上滑开了。从后视镜中看到他下了车之后，我也跟着下了车，准备给他一顿臭骂。

"但是很意外的是，他一走过来就对着我微笑，并以最诚挚的语调对我说：'我实在不是有意的，朋友。'还没来得及发作，我就被他的笑容和真诚的说明打动了。

"所以我只是低声说：'这种事经常会发生，没关系的。'我的敌意转眼间也变成了友善。"

■作弊后的谈话

成功学专家曾经讲述了他的另外一次亲身经历：

"几年前的某一天，我正在办公室批阅学生的考试试卷。一位叫玻尔的学生的试卷给我造成了困扰。在以前的几次讨论与测验中，玻尔所显示的实力比这次要好得多，我认为在课程结束时，他一定会名列前茅。可是，他的成绩显然会因为这份试卷而降低。在这种情况下，按照惯例，我叫秘书把他请来跟我谈谈。

"玻尔没多久就来了。看起来他好像是刚做了一场非常可怕的梦。我等他坐定了之后就对他说：'发生了什么事情，玻尔？你的成绩实在不应该是这样的。'他两眼看着自己的脚回答说：'先生，当我作弊被您瞧见以后，我发现我根本无法集中精神去做任何事，我都快要崩溃了。老实说，那次作弊是我在大学第一次作弊。我之所以暗地里偷看了一本参考书，是因为想无论如何一定要得到甲等的成绩。学生有任何欺骗行为都会被学校开除，所以我想你一定会要我退学。'

"之后，玻尔又对我说，因为这次事件，他会给他的家庭带来耻辱，他的一生都会被毁了，还会有其他种种后果。最后我说：'你先停一下听我解释：你作弊的事情我并不知道；你这种行为实在令人遗憾，但是在你进来谈话以前，我根本不知道这就是问题所在。'

"然后我继续说：'我想问你一个问题，玻尔，从你的大学生活里你到底想要学到什么？'他想了一会儿说：'我想，学习如何生活才是我最终的目的，但是我败得很惨。'

"我告诉他：'你的良知在你作弊的时候严重困扰了你，使你有罪恶感。你的信心就是被这种罪恶感摧毁了，就像你所说的你都要崩溃了。你会不时地问自己：'老师会不会把我逮住？老师会不会把我逮住？'我继续告诉他，曾经有一位显赫一时的社交名流，他的信心就是被恐惧不断地销蚀，结果什么事都做不好。究其原因，是因为他深深恐惧他的太太会发现他有外遇而心神不定。

"我也提醒玻尔，许多犯人被捕是因为他们表现出有罪的样子，而并不是因为他们留下了什么线索。他们被列入嫌疑犯的名单是因为他们有罪恶感。

"'绝不要仅仅是为了得到甲等的成绩而破坏自己的信心。'我说。

"听了我的这一番话，玻尔此时终于了解了正当行事的实际价值，并且参加了重考。"

■巧妙的回答

最近，一位水果商人谈起了发生在生意上的有趣的事情。经常有些客人问老板"这个西瓜到底甜不甜呀？"之类的问题，因为很难从外表去判断它是不是很甜。

"你的橘子甜不甜啊？"水果商在这种情况下如果用非常犹豫的语气回答说："应该很甜吧！"或者"我想应该不会酸吧！"那么百分之七八十的客人会掉头就走。

但是，同样的货物，如果改用肯定的语气来回答："如果我这里的橘子不甜，你就买不到甜的橘子了。""不甜的橘子我这里是绝对不卖的！"非常奇怪的是，这些货品很顺利地就能卖出去。事实上，这只是商场上的推销手腕——通过运用心理学上的原理增加顾客的信心，使对方相信这些西瓜或橘子是甜的，从而达到畅销的目的。同样地，首先得用肯定的方式在自己的内心里培植自信，这是一个先决条件。不要说："应该不会酸吧！"而应该说："一定不会酸。"肯定语气的运用，是获取成功的第一步。

●拿破仑·希尔成功信条

◎要坚信你心里想的什么，就会成为什么。大胆去做你害怕的事，直到获得成功的经验，这是克服畏惧、征服自卑、建立自信最快、最有效的方法。

◎许多心理学家将懒散的姿态、缓慢无力的步伐与对自己、对工作以及对别人不愉快的感受联系了起来。但同时心理学家也告诉我们，通过改变自己的姿态与前进速度，可以影响并改变自己的心理状态。通过仔细观察，你就会发现，身体的动作是心灵活动的结果。那些遭受打击、被排斥的人，走路往往拖拖拉拉，完全没有自信。

◎你是否注意到，在教堂或教室的各种聚会中，后面的座位总是先被坐满？事实上，大部分占据后排座位的人，都不希望自己"太显眼"。

显然，怕受人注目的真正原因就是缺乏信心。

坐在前面能建立强烈的自信心。可以把这当作一个规则，从现在开始就尽量往前坐。不要畏惧显眼，要记住，有关成功的一切都是非常显眼的。

◎你和我可能不是某个国家的帝王或王后，但单就我们自己来说，我们也是十分特殊的人。如果能够让世界上所有的小孩，都因为他们生存在这个世界上而觉得自己与众不同，那是一件多么有价值的事情啊！如果我们能够通过自己的奋斗克服贫穷与疾病，那么下一步就告诉自己，在这个社会里，最重要的是"名牌"，是挂在我们自己身上的那一块牌子。

◎笑能给自己从身体到心理很实际的推动力，同时它也是医治信心不足的良药。但是仍有许多人不相信这一点，因为他们在恐惧时，从不敢尝试着笑一下。真心的笑不但能治愈自己的不良情绪，而且还能马上化解别人对你的敌意和反感。如果你真诚地向一个人展颜微笑，他也实在无法对你生气。

◎成功学专家告诉我们，"行事正当"能使你的良知获得满足、内心得到充实，从而建立自信。"行事出轨"则会导致两种消极的结果：第一，罪恶感会不断腐蚀我们的自信心；第二，别人对我们的信任也会随着事情的水落石出而消逝。

●拿破仑·希尔成功金钥匙

在经营的过程中能否给人以信心，这是本章讨论自信的意义的最现实的目的。我们为什么需要自信，为什么需要通过自信去成为一个积极的、能够发挥自己潜能的人？其目的就是为了在生活中成为一个强者，不失去任何的机会。而自信正是帮助你做到这一点的最关键的一环。你的自信能够感染别人，使别人也来相信你，让他们觉得给你机会是正确的，并且争先恐后地希望你能够帮助他们。同时，这种自信也促使你不断进步，挑战人生，最终让你走向成功。

第五章

专注精神

专注工作

■聚精会神的文豪

　　法国文豪大仲马一生著作达1200多部，这是其他文豪毕其一生都难以达到的数字，萧伯纳等名作家的作品数量也只有他的十分之一。是大仲马有与生俱来的写作天赋吗？当然不是。大仲马曾经引用过这样一句话："再大的学问，也不如聚精会神来得有用。"这正是对大仲马的最佳写照。

　　大仲马总是聚精会神地专注于写作，已经达到了废寝忘食的地步，即使当他的朋友登门拜访的时候，他也只是左手抬起来打个手势以表示招呼之意，右手却仍然继续写着，不愿放下手中的笔。正是这样的专注精神，使他取得了巨大的成就。

■患有"健忘症"的部门经理

　　成功学家的一位朋友发现自己患了一种"健忘症"。他变得心不在焉，做事情虎头蛇尾、犹豫不决，记不住任何东西。现在，我们来看看他的故事，看看他是如何克服这个障碍的：

"因为希望在工作上更加安逸一些，我开始变得懒惰，后来居然患上了'健忘症'。我忘了参加公司一些重要的主管会议；我的部属发现我在订货时犯了较为严重的错误，当然，总经理也知道了这件事。

"我请了三天的假，希望自己能静下心来。我严肃地反省了几天，我深知我缺乏专心工作的力量和信念，我在办公室时身体及心理活动变得凌乱不堪。我做事漫不经心、懒懒散散、粗心大意，这完全是因为我的思想未放在工作上的缘故。在我诊断出我的毛病之后，我决心培养出全新的工作习惯。

"我拿出纸笔，写下每一天的工作计划来指导我的工作。首先，处理早上的来信；接着，填写表格、口授秘书信件、召集部属开会安排工作、处理其他各项工作；最后，检查一天的实施情况。每天下班之前，我先把办公桌收拾干净，然后离开办公室。

"我在心里问自己：'如何形成这些习惯呢?'获得的答案是：'一丝不苟地重复这些工作。'我内心深处的惰性提出抗议说：'但是，这些事情我已经一遍一遍地做过上万次了。'我心中的另一个声音回答说：'不错，但是，你并未专心致志地重复这些工作。'上班之后，我立即付诸实施新工作计划。我以崭新的面貌投入工作，每天以同样的兴趣从事相同的工作，而且尽可能在每天的同一时间段内进行相同的工作。当我发现自己走神时，我立刻把自己拉回工作之中。

"利用我的意志力所创造出的一种来自心灵的惯性力量，我不断地在形成习惯方面获得进步。后来，我发现，我每天虽然处理同样的工作，但却感到很有激情、很愉快。这时，我已经成功地形成了习惯。"

■女中学生

一群中学生想对一个女孩子搞恶作剧，他们知道她的自我感觉最敏锐。

一次，她在一个礼堂里弹琴。他们故意坐在她可以看见的一边，而且一起注视着她。他们并不扮怪相，不笑，也不说话，只是显得痴迷并专心地注视她而已。由于这个女孩子的自我感觉极其敏锐，一会儿工夫就感受到了他们的坚定注视，她便开始不安起来，开始躁动、脸红，最后只好中途停止弹琴，退出了会场。这些学生深知她注意自己胜过注意音乐，这便是他们使用注视的方法可以成功扰乱她的原因。假如她能在弹琴时更专心一点，她甚至不会感觉到那些少年在看自己。

■雕刻师的工作

从前有一个雕刻师需要在一块坚硬而巨大的石头上雕刻出一幅作品来，他拿着铁锤和凿子敲击着石头，可是石头却纹丝不动。他用尽力气的每一次敲击，不要说有碎块掉下来，就连一条裂缝都不曾产生。可是他并不在意，继续举起锤子敲，一百下、五百下、一千下……没有白天没有夜晚，然而工作依然没有进展。

雕刻师没有灰心丧气，继续举起锤子砸呀砸。路人相信他是一个傻瓜，因为要征服这样一个顽固的大石头应该是不可能的事情。可是雕刻师却不理会这些风言风语，他完全投入到工作当中，虽然还没见到成效，不过那并非表示没有进展。他又继续敲下去。不知多少个夜晚之后，石头终于被敲开了。雕刻师也最终完成了一个让世界惊奇的艺术品。

难道石头是最后才被砸开的吗？当然不是。

●拿破仑·希尔成功信条

◎一个人只要注意力集中，就能专注并调整自己的思想，使它能接受空间中的所有思想波。这样，整个世界都将成为一本公开的书，供你随意阅读。集中注意力意味着你与宇宙在此时此刻合二为一。你可以清楚地区分平稳与非平稳状态。当你全神贯注时，你不可能会愤怒或害怕陷入冲突之中。

◎我们最大的毛病便是：常常以为自己是被关注的焦点，然而事实并非如此。当我们戴一顶新帽子或穿一件新衣时，我们总以为众人都在注意，其实这完全是自己的臆想。别人或许正以为自己受到他人的注目呢！

◎专心想到自己不会提高做事的效率，专心想到工作却能做到。

◎在许多情形之下，最重要的不是你的工作或你所要做的事，而是别人。如果在专心工作之余对别人真诚地表示关心，你会无往而不胜。

◎自我感觉是臆想的一种形式。别人并不会如你所想象的那样关心你，他们有各自的事情要忙。记得这一点，你在他们面前便不会感觉不舒服了。

◎选择这一日常能力能帮助你清除大脑中产生压力的想法，制止分散注意力的交谈，并且使你重新恢复对自身大脑的控制。无论何时，只要你把注意力集中于手头上的事，你就能放松自己，你就会专心下来，你的思维就会清晰起来。

●拿破仑·希尔成功金钥匙

成就一番事业，实现人生价值，是一切有志者的追求。然而，通向成功的道路往往并不平坦，影响成功的因素也复杂多样。只有那些对事业专心致志、不懈努力的人才能最终获得成功。无数事实说明，专注是走向成功的一个重要因素。专注乃是一种精神、一种境界。一个专注的人，往往能够把自己的时间、精力和智慧凝聚到所要做的事情上来，从而最大限度地发挥积极性、主动性和创造性，实现自己的目标。特别是在遇到诱惑、遭受挫折的时候，他们能够不为所动、勇往直前，直到最后成功。

专注源于强烈的责任感。一个专注的人，肯定会把工作和事业看得很重，而把名利和地位看得很轻，一门心思地投入到工作和事业中，尽职尽责、尽心尽力。韩愈说：业精于勤荒于嬉，行成于思毁于随。古往今来，那些真正能干事、干成事者，莫不具有敢担大任的胸怀和勇气。强烈的责任感，是专注的原动力。

你需要使头脑冷静下来关注你做的事

■赛车专家的失误

赛车专家乔治·维格斯做过一次丢脸的事。那是洛杉矶第二届 10 千米长跑竞赛，赞助商是健怡可口可乐公司。为了扩大影响，健怡可口可乐在申请表格、户外媒体、比赛服装上都显著地印有商标。

比赛开幕式上，大会荣誉总裁乔治·维格斯站在台上说："我们非常荣幸并欢迎这么多运动员的到来，并特别感谢赞助商健怡百事可乐公司。"站在维格斯背后的可口可乐代表嘘他："是健怡可口可乐，白痴！"（事实上比"白痴"难听得多。）超过千位的参赛者也尽愕然，当时维格斯也感到十分羞耻。他说："我当然知道是可口可乐，但是当时我失了神，想的是可口可乐却说成百事可乐。从那个要命的一天起，我认识到了专心比什么事都重要。"

■马戏表演者训子

成功学家问著名的马戏表演者冈萨雷斯·威廉姆斯给了他子承父业的儿子什么建议，他回答："我告诉他要在场。"他的意思并不明确，也许是告诉儿子出场表演就要像父亲曾经连续上万场次表演一样。其实他另有深意，这位世界知名的驯兽师说："在马戏场中与凶虫猛兽在一起时，他需要心无旁骛，他的心一定要完全在马戏场里。"诚然，当身在马戏场、身处危险动物中时，心不在焉将是致命的。事实上，心不在焉是任何事业的杀手。

■大学主任的故事

迈克尔·布什是一所大学的系主任，他聘用了一位非常积极主动、非常有天赋、很有创造力的秘书。几个月后的某一天，迈克尔要求秘书立刻完成一件急于处理的事。

秘书说："迈克尔，我应该做你要求我做的任何事情，但是你要先知道我的情况。"

然后他给迈克尔看了他的日历，上面列了他正在做的 20 多项工作，并写明了工作难度和最后期限，这都是事先安排好的工作。他是个能力突出的人，因此很多人有事都会首先想到他。库柏说："如果你想让工作顺利完成，那就把它交给一位忙人。"

接着这位秘书说道："迈克尔，你要我做的事需要几天时间。如果满足你的要求，我就要推迟或取消一些原定的项目，你愿意吗？"

迈克尔当然不想这么做。他不会因为一件紧急的事情而派他手下最得力的工作人员中断自己擅长的事情来处理的。那些急于完成的工作是紧迫的，但并不是最重要的。所以，迈克尔让另一位专门处理急事的管理人员完成了这项工作。

■木匠的成功之道

德州的木匠师傅丹格·奥尼尔几年前参加木工比赛。在比赛的几个小时里，他完全投入到了他的作品中。丹格回忆："当时我眼中只有我和我的工具而已。"当他完成他的作品时，才发现自己成了大家关注的焦点，而原先他根本没有注意到他们的存在。

●拿破仑·希尔成功信条

◎如果你的思维会不可控制地转移到那些令人分散注意力或使人苦恼的事（过去发生过、现在有可能会发生或将来会发生的事）上，那就说明你并没有把你的注意力集中于手头上的工作，你的大脑一直在想其他的事。

◎紧张会使你难以集中注意力，难以清晰地思考，感到不平衡；紧张会使你感觉不佳或遭受心灵上的创伤。真正能考验你注意力集中水平的是你能否在逆境中坚持下去，尤其当你与他人关系紧张时。当人们害怕或感到不平衡时，通常会在交谈时失去眼神的交流。如果你在与他人交往时能保持平衡，保持眼神的交流，那么你的人际关系将更有深度和清晰度。

◎每天沉思你的首要使命和指导准则，你将在生活中变得冷静、沉着、自信、积极，并富有成果。

◎当你真正全神贯注时，你肯定会微笑。集中注意力的境界可以用以下这些词来描述：完整、有生气、丰富、单纯、美丽、优秀、独特、便易、幽默、真实。它是愉快和放松的经历，它能使你变得更加可靠、灵敏和开朗。

◎如果你不承认你有情绪，情绪将会吞没你，你将被它所控制。如果你坚持说"我认为我没生气"，这会使你的情绪更加强烈。不论发生哪一种情形，压力将在你身上持续更久，并可能给你造成伤害。但如果你采取旁观者的态度，观察你的感受，承认你的感受并认为这种感觉没什么关系，这样只需几秒钟，你就能控制住自己和所处的局面。

●拿破仑·希尔成功金钥匙

专注于迈出的每一步，让每一步都踏实。让自己尽量平衡，尽量让自己平静。心无旁骛地开始行走，就能够顺利到达目的地，专注可以产生如此大的力量！人，必须专注于某一件事情，不要妄想三心二意地做很多事情，否则即使做了，你也不是做得最好的。毕竟一个人精力有限，不可能精通所有的事情，常言道"样样精通，样样稀松"就是这个道理。

专注，用心专注，就能把事情做好！

第六章

不断上进

·········· 树立远大目标 ··········

■运输大王的成功经验

美国五大湖区上的运输大王卡尔比最初也是一无所有，非常穷困。他当初一步一步地走到克利夫兰，通过自己的努力在一个铁路公司谋得了一个小职位。如果另一个穷困的人获得了这个职位，肯定会很珍惜，也会安于现状，但是卡尔比并不这样想。工作了一段时间后，他就觉得这份工作对于他来说过于简单狭小，如果安于这份工作，就不会有什么发展前途。

他当时说过一句话："我从楼梯的第一阶尽力朝上看，看看自己能够看到多高。"他在那时就已经树立了远大的理想。在他看来，矮的阶梯并不一定安稳。他并不想坐在矮阶梯的顶点，而是想找个更高的阶梯继续往上爬，这样才安全。

于是他辞了这个铁路公司的工作，在后来成为国务卿兼美国驻英国大使的诃约翰那里找到了一份工作。这就是卡尔比的眼光——如果继续留在以前的那个铁路公司，他不会得到任何的发展，也没有任何前途。的确，一个人要有眼光才有进步，而且要不断地给自己树立新的目标。连卡尔比自己也说他初到克利夫兰时，只是想做一个普通水手，实现儿时追求冒险和浪漫的目标。他运气好，虽然他没有当上水手，却每日每时与美国最完美的一个理想人物——诃约翰大使接触。

卡尔比之所以能成为运输大王，获得成功，是因为他选择了一个大人物，并把这个大人物作为自己的目标，树立远大的理想。如果当时他安于铁路公司的那个小职位，就不会有现在的运输大王了。

■从司机到总经理

大都会电车公司的总经理付利兰还只是一列三等火车上的加煤工人时说过一句话："我的理想是做铁路公司的总经理，而不会只满足于做个火车司机。"

当时年轻的付利兰还没有做到司机，仅仅是在铁路上打了两年杂，他的月薪是 40 元。当时铁路上的一个老手激励他，对他说："老实告诉你，别以为现在做了加煤小工，就是发财了。你想升职为月薪大约 100 元的司机大概需要在现在这个位置上再做四五年，而且只要你能幸运地不被开除的话，就可以安然地一生做司机。"听到这个后，年轻的付利兰却不以为然，因为他所希望的并不是这样一个安稳的司机工作，他有更远大的志向。

后来，他真的实现了自己的理想，做到了自己所说的。他通过自己不懈的努力，做到了大都会电车公司的总经理。他能取得这样的成就，是因为他不满足于一种安全稳定的工作，他自己有更远大的目标。

■克里斯的工作

美国著名的银行家克里斯很早就树立了自己的理想，那就是管理一个大银行。但是，他的成功之路却是艰辛的。他尝试过各种各样的工作，他曾经做过木料公司的职员、交易所的职员、收账员、记录员、核算员、簿记主任、出纳员、收银员等。虽然暂时还达不到他的目标，但在做这些不同工作的时候，他总是记着他的目标，这些工作也帮助他增进了银行知识，使他越来越接近自己的目标。

在他看来，到达目的地的路不一定是直的，可以有不同的途径。比如，如果在一个机关内用得着他的一切经验和学识，有可能就是这种情况。但有时却不太一样，常常需要变动，但只要知道要干的是什么事、为什么要干这种事就可以了。

如果克里斯当时换工作只是为了多赚几个钱，而对他的目标并没有什么好处，那恐怕他也很难成功。但他是为了得到更多这方面的经验，这就会对他的将来很有好处。如果他是一个比较软弱的人，经过这么多的变化，他的意志也许会慢慢消磨，但他却利用这些工作经验帮助自己实现了理想。

■贝尔的工作态度

发明电话的贝尔现在已是家喻户晓了。贝尔最初在一个启聪学校里做教员，并且在学校里和他的一个失聪的学生结了婚。结婚后，贝尔一直希望能让妻子听到声音。几年后，他经过许多试验，偶然间发明了一种用电通话的工具，这就是电话。

可见，贝尔最初并不是以发明电话为目标的，也没有发明电话的想法。而且如果等他有了这种理想再去发明电话，恐怕就很难成功了。贝尔的成功完全源于另外一个不同的目标。这种事情的发生是偶然的吗？不是的，贝尔并不是呆坐着梦想成为一个大发明家，而是专心地工作，做好眼前的工作，认真地解决碰到的每一个细小的问题，解决了才肯罢休。贝尔对于现实的问题能够做彻底的研究，正是这种态度，让他成了世人瞩目的大发明家。

■不轻易满足的人

众所周知，伦敦《泰晤士报》的大老板莱斯克力夫爵士是一个不轻易满足现状的人。他最初月薪 80 元的时候，就能不满足于现状。即便是后来他收购了《伦敦晚报》和《每日邮报》的时候，他还是不满足，直到他得到伦敦《泰晤士报》，成为新闻界的霸主。就连林肯也说："除了密西西比河之外，伦敦的《泰晤士报》是世界上最有力的东西。"

莱斯克力夫爵士爱结交那些不满足的人，而对于那些自认为满足的人是不予理睬的。有一次他站在一名从未见过的员工的办公桌前，问这名员工在这里工作多久了，员工回答 3 个月；他问员工是否喜欢这份工作、是否熟悉了办事程序，员工作了肯定的回答。当员工说满足于1周5磅的工资时，他很不高兴地说："我不希望我的手下是一个仅满足于1周5磅工资的职员。"

后来，莱斯克力夫利用《泰晤士报》的力量，为英国做了很多的贡献。他不顾一切地攻击政府的昏庸怠惰、暴露官僚的腐败，增进了英国政府的效率。

又比如钢铁大王卡内基。当他还是一个孩子的时候，他便有了远大的志向，他经常对比他小六岁的弟弟汤米谈论他的各种希望和志向。他对弟弟说："等我们长大了，我们要建立一个卡内基兄弟公司，赚很多很多的钱，然后给我们的父母买个大房子，买辆大马车。"

●拿破仑·希尔成功信条

◎如果你想朝你的志向发展，你必须训练你的想象能力。当你感到不满时，环顾前后左右，或许就能看出许多可能发展的事物来。这些可能性起初看起来似乎有些模糊，但如果你有梦想，即使暂时不能实现，也可使你看到许多可能的机会——是别人所未看到的，所以也还是有其价值的。

◎志愿开始时是一种梦想，接着是勇敢的努力奋斗，然后把现状和梦想联系起来。伟大的人物的志向是植根于确切的事实的，他们并不是空洞的梦想者。刺激他们加劲地奋斗以求成功的是他们有目标和梦想使他们产生的不满。

◎理想的用处是其能以现在的事实，衬托出将来的可能性。但如果你满足于这种理想上的成就，那它就会成为你进步的障碍。美好的理想，必须同时有一种想改变现状使之接近理想的动力相伴随。如果你并不觉得不满意，你便会安于现状，你也就不会再有一种前途光明的理想。但是，如果你认为有了理想便可以满足了，而把理想作为实际生活失望中的一种安慰，那就错了。

◎波士顿大学商科的教务长努尔德曾经这样告诫毕业生："大学生经常有一种危险，那就是容易分心于其他的问题，而疏忽了眼前的问题。年轻人容易把目前的职务看得太简单，以为不值得用他全部的精力去干，从而导致了失败。"

◎固然，一个人晓得现在往何处去是重要的，晓得自己与大目标的距离也是重要的，但却须有一个实实在在的计划，并依着计划由现在的位置慢慢前进以到达目的地。一个高目标不可掩盖目前的需要。

◎为了避免不满足所引起的痛苦，许多人开始寻找一个安乐窝，那里没有忧虑，也不用负责任。动物有了适当的看护和充足的粮食便满足了——知足可以视为动物的目标，但不是人类的，不可把人类的眼光弄狭窄了。人类的目标是要成就事业，而不是专为砧板上的鱼肉。

●拿破仑·希尔成功金钥匙

拿破仑·希尔告诉大家，树立远大目标是重要的。当你在人生长河中扬帆远航的时候，千万不要忘记树立远大目标。远大目标是人的精神支柱和动力源泉，它可以不断地激发人的生命活力，使其永葆内在的青春。若没有远大目标，就不会有生活的信心、向上的动力，就像没有灵魂的行尸走肉一样，只能是浑浑噩噩、碌碌无为地度过一生。

只要树立远大目标，并朝着这个方向猛打猛冲、勇往直前，就定会得到理想的成果。要实现远大目标，自然就会有巨大的困难伴随而来。只要对自己的目标抱有坚定的信念，就一定能够闯过难关。但同时，无论树立多大的目标，假如只是憧憬、向往而无实际行动，那当然不会有任何成就。所以，树立远大目标的同时，也需要有立即去做的精神，从而脚踏实地地完成你所确定的目标。

学会谦虚

■伍德的演讲

美国汽车铸造公司的总经理威廉·伍德曾经当过国会议员，他的口才很好，他的演说常常令全体听众拍手叫好，他也理所当然地以为自己是一个伟大的演说家。

然而，一次演说中的意外事件完全粉碎了他的自信心。那一次演说中，他的听众是一群煤矿工，其中有些是不识字的文盲，有些是外国人。听他演讲的人挤满了大厅，大家也很热情。他像往常一样很细心地准备了一篇自以为很好的演说词；他演说的过程中听众不断地鼓掌，喝彩声愈来愈大；演说结束时，现场的气氛几乎达到了疯狂的地步，喝彩声和掌声持续了一刻钟之久，伍德也以为这次演讲十分成功。演说完后，他高兴地跟旁边的一个新闻记者聊了起来："大家似乎非常喜欢我的演讲。"记者回答道："你知道这群听众之中只有三四个会讲英文吗？"伍德感到奇怪，问："那他们为什么鼓掌呢？"记者回答说："难道你没发现他们当中那些会说英文的人觉得应当拍手的时候就发出一个信号，其余的人就跟着鼓掌吗？"后来伍德注意观察了后面的演讲，实际情况的确如那个记者所说，而且那些懂英文的人也常常在不该鼓掌的时候拍手叫好。

经过这件事情后，伍德才知道以前他一心只想到自己的口才和演讲，而丝毫未想到下面的听众。

■伊利诺伊州的种子议员

卡能的"伊利诺伊州的种子议员"的称号来自于一次演讲。

卡能第一次在美国众议院演讲的时候曾受到过打击。"这位来自伊利诺伊州的先生，您的口袋里装的恐怕是燕麦吧？"一向言辞犀利的州代表菲尔普斯在卡能演讲中途这样讥讽了一句。全众议院的人随即哄堂大笑。机智的卡能不为所动，他回答道："您说对了，我不仅口袋里头装有燕麦，而且头发里也藏着种子。这些都带有我们西部人的乡土味，而且这些都是、能够长出好苗的好种子。"卡能这次机智的回答让他全国闻名，他也得了"伊利诺伊州的种子议员"的称号。

假如卡能是个脸皮薄的人，可能他当时就会束手无策，但他的机智使别人的讥讽变为称赞，这种方法也是很值得借鉴的。

卡能的机智在于他知道在别人的批评声中保持沉默或逃走都是不好的。别人批评卡能土气，但他并不选择逃避，而是选择了自嘲，承认自己的确是土头土脑了些，但是土气的外表里面，是一个纯正的人；同时也把别人的嘲笑转为了称赞。

人们之所以怕批评，不敢去面对而选择逃避，是因为所受的批评都是真的事实，但这正是批评的可贵之处。

■罗斯福对待玩笑的态度

美国前总统罗斯福对于朋友们的玩笑，有着自己的态度。

有一次，他在培德兰为清理一块空地出来建造房子而同几个工人一起砍树。收工时，工头询问他们当天工作的成绩。只听见有一个工人大声答道："我砍了50株，丹尼砍了40株，罗斯福咬掉了10株。"这时朋友们回头看了看罗斯福砍的那些树，还确实有点像咬下来的。罗斯福自己也笑起来，便老老实实地承认他砍的树实在是比不上其他的同伴们砍的。

罗斯福在培德兰开牧场的时候，听说在科亚从有一个名叫威尔士的会打猎的人，罗斯福便请他做打猎的向导去猎杀白山羊。罗斯福写给威尔士的信上说："如果我出来打猎，你认为我能打到一只白山羊吗？"罗斯福收到的回信就写在他的信的背面，内容和他的也一样："如果我出来打猎，你认为我能打到一只白山羊吗？"罗斯福不仅没生气，而且仍然回电请他做向导。罗斯福宁愿听一个粗蛮的老实人的话也不愿听一个一味奉承自己的人的话。虽然自己可能会受到别人鲁莽的批评，但虚心听取才可以改进自己。

■固执的青年主任

美国救生圈公司有一个青年高级职员，他很有才能，也很受人欢迎，所以他很快便由一个小徒弟升为公司工程估算部的主任，专门负责公司工程的估算。

有一次他在估算中出了点错误。一个职员查出他算错了两千元钱，并把详情上报了。后来这件事传到了公司的副总经理兼美国航业救生公司的总经理查理·佩斯那里。

当他被佩斯叫到办公室时，他大怒说："这个职员不应该查我的估算，也不应该上报。"

佩斯说："但你的估算确实是错了，不是吗？"

他点点头。

"你觉得其他职员应该为避免损伤你的威信而损害公司的利益吗？"佩斯又问。

然而这个青年主任却不以为然，佩斯便规劝他，说他如果继续这样就很难有所成就。后来公司也没追究，大家也渐渐忘记了这件事。过了一年左右，这个青年主任的一个工作估价方案又出了点问题。上司校对后觉得确实有问题，并上报到了佩斯那里，于是佩斯又把他请到了办公室。

青年主任这次很不客气："我知道你还在为上次的事恨我，你是故意用这项工程来陷害我，故意特别请了工程师核算，污蔑我。你在侮辱我的能力，我知道我的估算是对的。"

佩斯回答他："你可以自己请人来估算看看。"

估算结果出来后，青年主任也承认了错误。

然而佩斯不会再给他机会了。他因为不能接受别人的批评而最终被开除了。

●拿破仑·希尔成功信条

◎只要你晓得如何对付批评你的人，那么对于某些傲慢的行为，你就不会觉得委屈，或是认为对抗有损自己的身份了。比如粗鲁的警察，或是经常奔波在外的业务员，常常以为自己特殊而随意侮辱别人；再比如有些身居高位的人，也和业务员一样，侮辱那些较低一级的人。这个时候，一个人对于这种侮辱的反应就可以衡量他处世的态度。

◎如果我们能时时努力改进我们人格上的种种缺陷，对于那些细节能斤斤计较，那我们便不会有空闲时间去无聊了。聪明的人总是时时审视自己，他知道自己不是完美的人，他晓得他自己确有许多缺点。而批评是受他欢迎的，这是揭发缺点的一种好方法。

◎对于批评，我们不能置之不理，也不能太过忧心，我们要利用别人的批评以求自己的进步。无论批评者的动机如何，我们都可以利用批评作为改进自己的一种指南，即使批评我们的是我们的仇敌，或是他想通过侮辱我们以掩饰自己的弱点。有时候，敌人的批评比朋友的批评还可贵些。

◎以为人人都是自己的仇敌，这是相当危险的，即使是批评我们的人。无论其动机怎样地恶劣，都不应对他产生猜忌心理。

◎一个为公家做事的人，如果受不了当时人们的侮辱和嫉恨，便不会成为一个政界大人物。比如，人人崇拜的民权主义偶像杰弗逊曾经毫无防备地被人用泥团打过。人人都是有仇敌的。大人物所树立的仇敌比一般人要多。伟人是不怕敌人数目多的，因为他们常能利用敌人的攻击来更好地宣传自己。

●拿破仑·希尔成功金钥匙

接受批评和勤学好问实际上都是一个心态的问题，那就是谦虚。虚心接受批评的好处有以下三点：第一，虚心接受别人批评，有利于事业的成功。众所周知，唐太宗李世民使国家达到历代王朝繁荣之巅峰与其诚心纳谏是分不开的。在现实生活中，少听奉承话，多听批评意见，能够帮助我们做出正确的判断，避免失误，正所谓"良药苦口利于病"。第二，虚心接受别人批评，主动敞开心扉给人看，有利于及时解剖自己，在同喜同乐中学知识、长见识、练本领、增才干。这样才能使自己适应大家庭的环境，在大家庭中找到自己的合适位置。否则，性格孤僻、与人格格不入，必然处境困难，发展不利，被时代所否定，被现实所淘汰。第三，虚心接受别人批评，有利于人格的完善。要成为一个什么样性格的人，除了靠自身努力以外，还要靠周围人的帮助。与一个性格活泼开朗、遇事开明的人交朋友，自己也会变得心胸宽广、性格豁达。

第二篇

成功机会一视同仁

第一章

成功的起点

·········· 最重要的人是自己 ··········

■福勒为致富而拼搏

　　福勒是美国路易斯安那州一个黑人佃农的七个孩子中的一个。他在 5 岁时开始劳动，在 9 岁时就以赶骡子为生。

　　小福勒有一点同他的朋友们不同：他有一位不平常的母亲。他的母亲不肯接受这种仅够糊口的生活。她知道她的贫困的家庭周围却繁荣昌盛，她认为这不对劲。过去，她时常同儿子谈论她的梦想："福勒，我们不应该贫穷。我不想听你说，我们的贫穷是上帝的意愿。其实我们的贫穷与上帝无关，而是因为你的父亲从来就没有产生过致富的愿望，我们家庭中的任何人都没有产生过出人头地的想法。"

　　没有人产生过致富的愿望——深深地烙在了福勒的脑海中这句话，并改变了他的一生。他开始想走上致富之路，他总是把他所需要的东西放在心中，而把不需要的东西抛到九霄云外。这样，他的致富的愿望就像火花一样迸发了出来。他决定把经商作为生财的一条捷径，最后选定经营肥皂。于是他就挨家挨户推销肥皂达 12 年之久。后来他获悉供应他肥皂的那个公司即将以 15 万美元拍卖出售。他在经营肥皂的 12 年中一点一滴地积蓄了 2.5

万美元。双方达成了协议：他先交 2.5 万美元的保证金，然后在 10 天的限期内付清剩下的 12.5 万美元。协议规定，如果他不能在 10 天内筹齐这笔款子，他就要丧失他所交付的保证金。

福勒在他当肥皂商的 12 年中，获得了许多商人的尊敬和赞赏。现在，他去找他们帮忙了。他从私交的朋友那里借了一些钱，也从信贷公司和投资集团得到了援助。在第 10 天的前夜，他筹集了 11.5 万美元，也就是说，还差 1 万美元。

福勒回忆说："当时我已经用尽了我所知道的一切贷款来源。那时已是沉沉深夜，我在幽暗的房间里跪下来祷告，我祈求上帝领我去见一个可以及时借给我 1 万美元的人。我自言自语地说：'我要驱车走遍第 61 号大街，直到我在一栋商业大楼里看到第一道灯光。'"

■福勒如何抓住这一道灯光

夜里 11 点钟，福勒驱车沿芝加哥 61 号大街行驶。驶过几个街区后，他看见一所承包商事务所亮着灯光。他走了进去。在那里，在一张写字台旁坐着一个因深夜工作而疲乏不堪的人，福勒有点认识他。福勒意识到自己必须勇敢些。

"你想赚 1000 美元吗？"福勒直截了当地问道。

这句话让这位承包商吓得向后仰去。"是呀，当然！""那么，给我开一张 1 万美元的支票。当我奉还这笔借款时，我将另付 1000 美元利息。"福勒对那个人说。他把其他借款给他的人的名单给这位承包商看，并且详细地解释了这次商业冒险的情况。

那天夜里，在离开这个事务所时，福勒的衣袋里已装了一张 1 万美元的支票。以后，他还在其他七个公司——包括四个化妆品公司、一个袜类贸易公司、一个标签公司和一个报馆——都获得了控制权。

福勒随身带着一个隐形的护身符，这个护身符的一边印着"积极的心态"五个字，另一边印着"消极的心态"五个字。他把"积极的心态"这一面翻到上面，令人吃惊的事便发生了——他竟然把从前仅仅是梦想的东西变成了现实。

在这里要注意的是，福勒开始谋生时所具有的有利条件比我们大多数人所具有的要少得多。但是他选择了一个很大的目标，并且奋力向这个目标前进。对你说来，不论成功是否意味着像福勒那样去致富，是否像在化学方面发现一种新元素，或创作一首歌曲、种植一种玫瑰花、教养一个孩子——不论成功对你意味着什么——那个在一边装饰着"积极的心态"，在另一边装饰着"消极的心态"的护身符，都能够帮助你达到成功。

■积极的亨利·恺撒

亨利·恺撒是一个真正成功的人，这不仅是由于使用他的名字的几个公司拥有10亿美元以上的资产，而且是由于他的慷慨和仁慈——许多不会说话的人会说话了，许多跛者过上了正常人的生活，更多的人以很低的费用得到了医疗。所有这一切都是由恺撒的母亲在他的心田里所播下的种子生长出来的。

玛丽·恺撒给了她的儿子亨利无价的礼物——教他如何实现人生最伟大的价值。

玛丽在工作一天之后，总是花费一定的时间做义务保姆工作，帮助不幸的人们。她常常对儿子说："亨利，不从事劳动，从来不能完成什么事情。如果我什么也不遗留给你，只留给你劳动的意志，那么，我就给你留下了无价的礼物：劳动的欢乐。"

亨利说："我的母亲最先教给我对人的热爱和为他人服务的重要性。她经常说热爱人和为人服务是人生中最有价值的事。"

亨利·恺撒深知积极心态的力量。在第二次世界大战中，他建造了1500多艘船，其造船速度震动了世界。当时他曾说："我们每10天能建造一艘'自由轮'。"专家说："这是不可能的。"然而，亨利做到了。那些相信他们只能排斥积极性的人，使用了他们法宝的消极的一面；那些相信他们能排除消极性的人，使用了他们法宝的积极的一面。

■丹普赛如何创造奇迹

丹普赛出生时四肢不全，只有半边右足和一只右臂的残端。作为一个孩子，他想像别的孩子一样进行运动。他喜欢踢足球，他的父母就给他做了一只木制的假足，以便他能穿上特制的足球鞋。丹普赛一小时接着一小时、一天接着一天地用他的木脚练习踢足球，努力在离球门愈来愈远的地方将球踢进去。他变得极负盛名了，以至新奥尔良的圣哲队雇他为球员。

当丹普赛用他的跛腿在最后两秒钟内在离球门63码的地方破网时，球迷的欢呼声响遍了全美国。这是职业足球队当时踢进的最远的球，而圣哲队也以19比17的比分战胜了底特律雄狮队。

底特律雄狮队的教练施密特说："我们是被一个奇迹打败的。"对许多人来说，这是一个奇迹，这个奇迹就是对祈祷者的回答。"丹普赛并不曾踢中那个球，那个球是上帝踢中的。"底特律雄狮队的后卫沃尔凯说。

不论你在生理上是否有残疾，也不论你是儿童还是成人，从丹普赛的故事中，你所能学习和应用的原则是：

(1) 那些能够产生热烈的愿望以达到崇高目标的人，才能走向伟大。

(2) 那些用积极的心态不断努力的人，才能取得并保持成功。

(3) 在人类的任何活动中，要变成一个成熟的成功者，就必须实践、实践、再实践。

(4) 当你确立了特殊目标时，努力和劳动就会变成乐事。

(5) 对那些被积极的心态所激励、要成为成功者的人来说，伴随着任何逆境，都会同时产生一粒有等量或更大利益的种子。

(6) 人的最大力量存在于祈祷中。

●拿破仑·希尔成功信条

◎在会见当世最重要的那个人时，你将发现他随身带着一个隐形的护身符，这个护身符的一边装饰着四个字：积极心态，另一边也装饰着四个字：消极心态。这个隐形的护身符拥有两种令人吃惊的力量，它有获得财富、成功、幸福和健康的力量，也有排斥这些东西，或剥夺一切使你的生活有意义的东西的力量。这两种力量中的第一种——积极的心态，可以使人攀登到顶峰，并且在那里永驻；第二种力量则可使他们永远处于人生最底层，即便有一些人已经到达顶峰，消极的心态也会把他们从顶峰拖下来。

◎你认识到你自己的积极心态的那一天，也就是你遇到最重要的人的那一天。最重要的人就是你自己！你的心理就是你的法宝、你的力量。

◎积极的心态是正确的心态。正确的心态总是具有"正性"的特点，例如忠诚、正直、希望、乐观、勇敢、创造、慷慨、容忍、机智、亲切和高度的通情达理。具有积极心态的人，总是怀着较高的目标，并不断地奋斗，以达到自己的目标。消极的心态则具有同积极的心态相反的特点。

◎不要让你的消极心态使你成为一个失败者。成功是由那些抱有积极心态的人所取得的，并由那些以积极心态不懈努力的人所保持的。

◎为什么当我们使用这个双面护身符的时候必须小心？因为其积极心态的一面，能够使你获得人生中有价值的东西——它能帮助你克服困难，发现自身的力量；它能帮助你走到你的竞争者的前面，并且如同亨利·恺撒那样，能把别人说的不可能的事变成现实。但是它的消极心态的一面也是同样地有力，它能够吸引失望和失败，却不能吸引幸福和成功。假如我们不能适当地使用这个护身符，就是很危险的。

●拿破仑·希尔成功金钥匙

什么是一个人成功的第一步骤？拿破仑·希尔的解释是心态。希尔在这里强调了心态的重要性，良好的心态是一个人面临自己人生第一次挑战时所需要具备的素质。有良好心态的人必然能克服困难越走越顺，而心态消极的人必然在重重困难面前退缩不前，无法成功。希尔认为心态在一开始就划出了成功人士和失败人士的分水岭，哪怕持消极心态的人会有暂时的成功，那也不过是昙花一现；而真正能够持续成功的人，必然是有着积极心态，并且不断进取的人。

·········不要被内心的阴暗干扰·········

■数学家的故事

公元前 31 年，一位住在爱琴海滨某个城市的哲学家想要到伽太基去。他是一位逻辑学教师，因此他就冥思苦想。赞成和反对这次航海的各有不同的理由，结果他发现，他不应当去的理由比应当去的理由更多：他可能晕船；船很小，风暴可能危及他的生命；海盗乘着快艇正在海上等待着捕获商船，如果他的船被他们捕捉到了，他们就会拿走他的东西，并把他当奴隶卖掉。这些判断表明他不可作这次旅行。

但是，他作了这次旅行。为什么？因为他想，事情往往是这样的：在每个人的生活中，情绪和推理都应该是平衡的，其中任何一种都不能总是处于控制地位。你所想要做的事，尽管在推理上有些恐惧，但好的方面也总是会存在的。至于这位哲学家，他作了一次最愉快的旅行，最后安全归来。

■苏格拉底的爱情

伟大的古希腊哲学家苏格拉底年轻时爱上了赞西佩。她很美丽，而他长得其貌不扬。但苏格拉底有说服力，有说服力的人似乎有能力获得他所想要的东西，苏格拉底就成功地说服赞西佩嫁给了他。

然而，度过蜜月之后，苏格拉底并非过得很好。他的妻子开始看他的缺点，他也看她的缺点。据称，苏格拉底曾说："我的生活目的，是和人们融洽相处。我选择赞西佩，是因为我知道，如果我能和她融洽相处，我就能和任何人融洽相处。"

那就是他所说的话，但是他的行为却不是那样的。问题在于：他力图和许多人而不是少数人融洽相处。当你像苏格拉底那样，总是试图证明你所遇到的人都是错的，你就是在排斥而不是吸引人们。

然而，他说他忍受赞西佩的唠叨责骂，是为了他的自我控制。但他如果要发展真正的自我控制，可取的道路是努力了解他的妻子，并用他当年说服她嫁给他那样的体谅、关心以及爱去影响她。他没有看见自己眼中的"横梁"，却看到了赞西佩眼中的"微尘"。

当然，赞西佩也不是无可指责的。苏格拉底和她正像今天许多丈夫和妻子一样。过去他们使用令人愉快的个性和心态，以至他们的求爱时期成了十分幸福的经历。后来他们却忽略了继续使用这种个性和心态——忽略也是一种心理蛛网。

那时苏格拉底没有读过本书，赞西佩也没有。如果她读了本书，她就该懂得如何去激励她的丈夫，以便使得他们的家庭生活幸福。她可能会控制住自己的情绪，并且细腻地体贴丈夫。

■年轻人为什么去参加培训班

有个年轻人参加了"成功学——积极的心态"学习班。第一天晚上，老师就问他："你为什么要参加这个学习班呢？"

"由于我的妻子！"他答道。许多学生笑了，但是教师却没有笑。他从经验中知道，有许多不愉快的家庭是由于夫妇一方只看到对方的过失，而看不到自己的过失。

四个星期以后，在一次私人谈话中，教师询问这位学生：

"现在你的问题处理得怎么样了？"

"我的那个问题已经解决了。"

"那就太好了！你是怎样解决的呢？"

"我学会了当我面临着对别人误会的问题时，首先从检查自己开始。我检查了我的心态，发现那都是些消极的东西。可见我的问题并非真正是由妻子引起的，而是由我自己引起的。解决了我的问题，我对她就不再有问题了。"

■9岁男孩的谎言

一个9岁男孩的叔叔暂住在这孩子双亲的家里。一天晚上，当男孩的父亲回到家的时候，他们进行了下面的一段对话：

"你认为一个说谎的孩子怎么样？"

"我不会喜欢他的。不过，我知道我的儿子说真话，这是千真万确的。"

"可他今天说了谎。"

"儿子，你今天对叔叔说了谎吗？"爸爸问儿子。

"没有，爸爸。"

"让我们把这件事澄清一下。你的叔叔说你说了谎，你说你没有。你老实说，究竟发生了什么事情？"父亲问道，然后转向孩子的叔叔。

"好！我要他把他的玩具拿到底层去。他没有做这件事，而他告诉我他做了。"叔叔说。

"儿子，你把你的玩具拿到底层了吗？"

"是的，父亲。"

"儿子，你的叔叔说你没有把你的玩具拿到底层，你说你拿去了。你怎样解释这件事呢？"

"从第一层到底层有若干台阶。向下四个台阶便是一个窗户，我把玩具放在窗槛上。'底层'就是地板和天花板之间的距离，所以我的玩具是在'底层'！"

叔父和侄子彼此争论"底层"这个词的定义。这个孩子或许懂得他的叔父指的是什么，但是他很懒，根本不想走完从楼上到楼下的这段距离。当孩子面临着惩罚的时候，他企图使用逻辑来证明自己的论点，以拯救自己。这个故事是颇有趣的。

■蛙腿的故事

杰克小时候很喜欢吃青蛙腿。但有一天在一家餐馆里，服务员给他端来了一盘味道不佳的粗大的青蛙腿。从那以后，他就不再喜欢吃它了。

几年以后，杰克在肯塔基州东北的路易斯维尔城的一个高级餐厅的菜单上看到了青蛙腿，他就同服务员谈了起来：

"这些是小青蛙腿吗？"

"是的，先生。"

"你有把握吗？我不喜欢大青蛙腿。"

"是的，先生！"

"如果它们是小青蛙腿，那就十分合我的口味。"

"是的，先生！"

当服务员上这道正菜时，他看见的仍是粗大的蛙腿。杰克被激怒了，他说："这些不是小蛙腿！"

"这些是我们所能找到的最小的蛙腿，先生。"服务员答道。

现在，杰克宁愿吃这种蛙腿。他说："我甚至非常喜爱这种蛙腿，并愿它们更大些。"

■"需要"的重要性

下面要谈到一个犯人的情况，请把这个人同抱有消极态度的其他成千上万的犯人作一对比——他们由于偷盗、侵吞或其他罪恶而被监禁。当你问他们为什么要偷窃时，他们的回答一致是："我不得不这样。"他们允许自己不诚实，是因为他们思想中的蛛网使得他们相信"需要"迫使一个人变得不诚实。

几年前，拿破仑·希尔在乔治亚州首府亚特兰大市联邦监狱里做过教育工作，那时他对一犯人阿尔·卡篷做过几次满怀信心的谈话。有一次，希尔问卡篷："你为什么会犯罪？"

卡篷只用一个词答道："需要。"

说完，他流出了眼泪，哽咽了。他开始叙述他所做过的一些好事，这些好事在报纸上从未讲到过。当然，这些好事同加在他头上的坏事比较起来，似乎就没有多大意义了。

这个不幸的人浪费了他的生命，破坏了自己的宁静，患了致命的疾病，拖垮了健康的身体，以致在他所走过的道路上撒下了恐怖和灾难——这一切都是由于他没有学会清除他思想上的"需要"蛛网所致。

卡篷谈他的善行，是为了暗示他的善行可以在很大程度上补偿他所做过的错事，这就清楚地表明了另一种蛛网在阻碍他进行正确的思考。一个罪犯要想抵消他的罪恶就只有真诚地忏悔，接着做一辈子的好事。遗憾的是，卡篷不是这样的人。

■ "问题儿童"

他是一个10多岁的"问题儿童"，然而他的母亲却不失望。即使许多特地为她的儿子祈祷的人似乎并没有得到任何回报，也不管她的儿子怎样胡作非为或如何恶劣，而她决不失去信心。

一个10多岁的"问题儿童"不服从他的双亲和老师，说谎、欺诈、偷窃、赌博，自甘堕落。然而，由于他的母亲不断地热忱地恳求他改正卑劣行径，他终于发现了他自己。有时他认识到受教育不多的人还能抵制他认为自己无力抵制的引诱，便觉得羞耻，因为他是受了教育的。

他在对己的斗争中失败了许多次，但有一天他赢得了胜利。正在他悔恨期间，正当他痛心疾首地谴责自己的时候，有一次他无意中听到两个人在谈话，其中有一个声音说："振作起来读书！"

他就伸手取到紧挨着自己的一本书，打开读道："让我们诚实地行事，并且要始终如一，而不是在暴乱和醉酒中，不是在禁闭和恣意胡为中，也不是在争吵和嫉妒中行事。"

常常会发生这样的情况：一个人在遭受严重的失败之后，他可能就在那时下了决心；他可能萌生热情和极为诚恳的悔意，以至于他一受到激励就立即采取行动，并通过坚毅的意志做出必要的改变，使他自己在完全胜利的道路上稳定地迈进。

这个青年做出了他的最终决定，他的心情就平静下来了。他认识了那些罪恶，也发展了深谋远虑的精神。他后来所取得的成就可以证明这一点。由于他由过去的为人到后来明显的转变，人们认为他对于一般人甚至没前途的人都产生了最强有力的影响，并且给了他们无限的希望。他的名字是奥古斯丁（公元 354 ~ 430 年，基督教神学家）。

●拿破仑·希尔成功信条

◎"蛛网"有很多种，比如：

(1) 消极的感情、情绪、习惯、信条和意见；

(2) 只看到别人的缺点；

(3) 误解导致了争辩；

(4) 前提不成立，结论自然就错误；

(5) 把概括一切的限制性的词或词组作为基本或次要的前提；

(6) 担心应用心理的力量会亵渎了神灵。

它们各不相同，但你会发现它们都是由消极的心态"织"成的。

◎惰性会使你无所作为。如果你转向错误，它就会使你不去抵抗或不思停止，继续前进，滑向深渊。我们以为做的事情都是合理的，但实际上不过是在做我们想做的事情。

◎你可以用一个词激励别人行动起来。当你对别人说"你能够"时，这就是暗示；当你对自己说"我能够"时，你便是在自我暗示、激励自己。

◎有时，我们对同一问题可先后得出两个完全不同的结论。每一个结论都是基于不同的前提。当你从一个错误的前提出发时，"蛛网"就会干扰你的正确思想，使你得出一个错误的结论。所以，当许多人允许总括性的词语符号凌乱地堆积在他们的心里作为错误的前提时，他们就会得出不正确的结论。

◎当人们用积极的心态去实现需要时，它就能激励人取得成就；但当人们用消极的心态去实现时，它就会变成谎言、欺骗和欺诈的借口。

●拿破仑·希尔成功金钥匙

有很多东西会遮蔽我们的眼睛和心灵，它们可能是在我们的脑海中先入为主的意见，也可能是我们错误的思想前提造成的一系列后果。而这些并不是不能消除的，往往只是由于懒惰，我们不愿意去消除它们罢了。希尔在这里提醒大家，积极的心态自然包括了要积极、勤快地去认识到我们思想中纠缠不清的各种错误，像清理蜘蛛网一样地清理它们。只有我们在做过了大脑的大扫除之后，我们才可能正确地判断事物，才有可能真正开始一段积极的人生。

运用强大的精神力量

■轮船缘何沉没

这两艘船是由克拉玛依船长领航的多利亚号和由诺顿逊领航的斯德哥尔摩号，两艘船在离兰塔凯特岛 80 千米处的海面上相撞，导致 50 人死亡。当两船相距 16 千米时，斯德哥尔摩轮的雷达操作员说他看见了多利亚轮。

无独有偶，1959 年的一天，在距美国东部新泽西州海岸约 35 千米处，美德轮船公司豪华的班轮"桑塔·罗莎"与一艘油轮"威尔沁"号相撞，4 位水手死亡。二副威尔斯是"桑塔·罗莎"号上的雷达操作员，他声称他已经画出了威尔沁油轮的两幅航道图。

人们调查了上述事件中造成两轮碰撞的真实原因，但都无法做出满意的解释。后来，一个叫作史莱德的人给出了答案。

史莱德是伊利诺伊州斯考基市人。他不但是催眠专家，而且还是无线电操作员和电子工程师。在第二次世界大战中，史莱德在"敌友信息系统"中扮演了重要角色。他的工作就是监督每一艘船只离开美国时是否装上了雷达设备。他注意到，雷达操作员有时会陷入恍惚状态中，而他们却一无所知。

由于懂得催眠术和电子学，史莱德得出了结论：当雷达的电波与操作员的脑波同时发生时，雷达操作员才能专心致志地工作。根据这个理论，他发明了脑电波同步器，从而防止了雷达操作员恍惚状态的出现。

■比尔从失败走向成功

19 岁时，比尔开办了一家皮革店，但不久就破产了。他不得不寻找新的经营方法。

一天，比尔在辛德里一条商业大街上悠闲漫步。他伫立在肉类市场的一个橱窗前仰望。灵感突然来临，那一瞬间他找到了激励自己的方法。他想起自己还是个孩子的时候，父亲曾经高声朗读过爱弥尔·可艾的小册子《自我掌握——运用自觉的自动暗示》。他忽然想到，如果爱弥尔·可艾成功地帮助个人运用自觉的自动暗示战胜了疾病、恢复了健康，那么，一个人自己也就能运用暗示获得财富或其他任何东西。

这就是比尔所说的"运用自动的暗示来致富"原理。

"在应用自动暗示的原则时，要把心力集中于某种既定的愿望上，直到那种愿望成为热烈的愿望。那次我从街上气喘吁吁地跑回家时，我立刻坐到饭厅桌旁写道：'我确定的主要目的是到 1960 年成为百万富翁。'"比尔告诉他身边的人说，"一个人应当把他所想要获得的金钱的数量规定得十分明确，并定下日期。我就这么做了。"

后来比尔获得了很大的成功。他成了著名的人物——受人尊敬的威廉·维·麦克考尔，是澳大利亚最年轻的国会议员，辛德里城可口可乐子公司董事会董事长。他完全是一个百万富翁了。

■爱弥尔·可艾的研究

爱弥尔·可艾认识了自觉的自动暗示，因为他敢于探索人的心理。他是怎样发现和认识这个自然规律的呢？当爱弥尔·可艾发现了他向自己提出的问题的答案时，他就发现了这个自然规律。他向自己所提的问题和答案是：

问题 1：能影响医疗的暗示是医师的暗示呢，还是病人心理的暗示？

答案：病人的心理能下意识或有意识地做出暗示，他自己的心理和身体对此暗示能有反应。如果没有不自觉的或自觉的自动暗示，外部的暗示是无效的。

问题 2：如果医师的暗示能激励病人的内部暗示，为什么病人不能对自己应用健康的积极暗示呢？为什么他不能抑制有害的消极暗示呢？

对于他的第二个问题，答案很快就得出了：任何人，甚至小孩，都能受到教育去发展积极的心态。方法是重复积极的肯定语句，例如："一天天，在各方面，我过得愈来愈好。"

■电影院的实验

故事的主角是广告，这是在新泽西州一家电影院所进行的一次实验。在这次实验中，广告信息迅速地在银幕上闪现，致使观众不能很好地看到它。在 6 个星期的实验期中，来戏院看戏的 4 万多人不知不觉中就成了实验的对象。这个实验用特殊的方法，把两种产品的广告信息闪现在银幕上，让肉眼看不见它们。当 6 个星期过去以后，实验结果被列成了表：其中一种产品的销售量上升 50% 以上，另一种产品的销售量上升约 20%。这些广告信息虽然是不可见的，但它们仍然对许多观众起了作用，因为虽然它们飞逝而过，不能为观众有意识地记在心中，但观念的下意识心理却充分吸收了这些印象。

这个实验证明了下意识心理能帮助人们达到某种目的。那么，如果把"一天天，在各方面，你正在变得愈来愈好！""只要是人的心理所能够设想和相信的东西，人就能用积极的心态去得到它！"等自我激励语句闪现在电影银幕上，它们当然也能很好地激励观众。

■在生命边缘救了自己

澳大利亚昆斯兰省图屋姆巴市的拉尔夫·魏普纳运用心理力量把自己从死亡线上拉了回来。

那是一个午夜的 1 点 30 分，在医院的一间小屋里，两位女护士正在拉尔夫身旁守夜。头天下午 4 点半钟，拉尔夫的家人就接到了一个紧急电话——拉尔夫因为心脏病发作而处于昏迷状态。那一家人赶到医院，待在外面走廊上。每个人的表情都很特殊，有的在担心，有的在祈祷。

在这间灯光暗淡的病房里，两位女护士紧张地工作着——每人各抓住拉尔夫的一只手腕，力图摸到脉搏的跳动。拉尔夫已经昏迷整整 6 个小时了，医生也把力所能及的事情做完，然后离开这里给别的病人看病去了。

尽管不能动弹，但是拉尔夫还有知觉，他能听见护士的声音。他听到一位护士激动地说："他停止呼吸了！你能摸到脉搏的跳动吗？"

回答是："没有。"

他反复听到如下的问题和回答："现在你能摸到脉搏的跳动吗？""没有。"

"我其实很好，"他想，"但我必须告诉她们，无论如何我必须告诉她们。但是我怎么才能告诉她们这一点呢？"

这时，他记起了他所学过的自我激励的语句：如果你相信你能够做这件事，你就能完成它。他试图睁开眼睛，但失败了，他的眼睑不肯听他的命令。事实上，他什么也感觉不到。然而他仍努力地睁开双眼，直到最后他听到这句话："我看见一只眼睛在动——他仍然活着！""我并不感觉到害怕，"拉尔夫后来说，"那是多么有趣啊！"

"一位护士向我叫道：'魏普纳先生，你还活着吗？……'我闪动我的眼睑表示肯定，告诉她们我很好——我仍然在世。"

一段相当长的时间后，拉尔夫通过不断的努力睁开了一只眼睛，接着又睁开了另一只眼睛。恰好这时候医生回来了。医生和护士们以精湛的技术和坚强的毅力，使他起死回生了。

当拉尔夫处在死亡边缘时，他记起了他从成功学学习班所学到的自动暗示。正是这种自动暗示拯救了他。

●拿破仑·希尔成功信条

◎有某种神秘的力量存在于人的心里面。人类要勇于探索内心的这股神秘力量。但是，为什么要探索心理力量呢？因为，我们能够从中获益：

1. 你可以获得终身的生理和心理的健康，同时你还将获得道德、幸福和财富。

2. 它可以帮助你获得成功，无论是在你所选择的工作还是从事的事业中。

3. 它还可以帮助你获得某种方法，你可以将这种方法运用于应用其他一切已知或未知的力量。

◎美国现在每年有45万以上的非婚儿出生，有150万以上的少年进入教管所——主要是由于各种犯罪。在许多情况下这些人的悲剧都是可以避免的。如果父母学会了在适当的时候、适当的地方、适当地应用暗示，教会了儿女如何有效地应用自我暗示——尤其是精神上的——那么，这些不可违背的道德标准就能使年轻人因为受到激励而得到发展。以后面对他们同伴那些令人讨厌的暗示时，他们就会懂得如何用明智的办法去抵制和排斥它们。

◎一般每个人在他的一生中会对不自觉的自动暗示做出反应，而对自觉的自动暗示则不会。他会做出反应，尤其是对习惯和内部下意识的反应。当有一个严重的个人问题出现在一个具有积极心态的人面前时，他的下意识心理就会出现自我激励语句，闪现到有意识心理去帮助他。在紧急情况下，尤其是在死亡的大门即将开启的时候，这一点就显得尤为真实。

◎人能用积极的心态去完成的东西，同时也是人的心理所能构思和相信的东西。

●拿破仑·希尔成功金钥匙

你敢于探索自己的内在力量吗？这是一个相当尖锐并且有深度的问题。希尔在这里讨论的是，你有没有足够的心理素质去渡过一个又一个的难关，并且将劣势变成优势。首先自然是你必须相信自己，你必须每天给自己有力的心理暗示、自我暗示，它会成为你一个闪烁着光芒的目标，促使你不断向它迈进。你离它越近，你能够探索的心理路程也就越远，而你能够找到的心理力量也就越强大。这个时候，你的探索就会有所收获——那可能就是一瞬间获得的成功！

加一点，就成功

■什么是"更多的东西"

曾经有个作者写了一首歌却无法得到发表，作曲家科亨将它买了下来，并加入了一些"更多的东西"，结果这首歌立刻受到欢迎并身价百倍。这"更多的东西"是什么呢？原来他仅仅加了三个很小的词："Hip！ Hip！ Hooray！"（嗨！嗨！万岁！）

托马斯·爱迪生做了1万多次的实验，在每次失败之后，他都能不断地去寻求更多的东西，直至找到了他要寻找的东西。当他所不知的东西变成已知的东西时，钨丝灯泡就被制造出来了。

在莱特兄弟之前，许多发明家已经非常接近发明飞机了。莱特兄弟除了应用别人用过的同样的原理外，还加上了更多的东西。他们创造了一种新型的机体，把特别设计的可动的襟翼附加到翼边，使得飞行员能控制机翼，保持飞机平衡。这些襟翼是现代飞机副翼的先驱。所以，在别人失败了的地方，他们却成功了。

■盖兹博士"坐思意念"

盖兹博士是一位在教育、学术和科学研究上卓有成就的学者，他一生中在艺术和科学的各方面有几百种发明和发现。而这些发明创造都来自于他"坐思意念"的方法。

这天，希尔带着安德鲁·卡内基的介绍信去拜访盖兹博士。当他到达时，盖兹博士的秘书告诉他："我很抱歉，这时我没有权力让人去打扰盖兹博士。""你看，还要多长时间我才能见到他呢？"希尔问。"我不确定，可能要等3小时。"她回答说。

"那你可否告诉我，现在为什么不能打扰他呢？"

她犹豫了一下，答道："他正在'坐思意念'哩！"

"'坐思意念'是什么意思？"

希尔不知道"坐思意念"是什么，所以他决定等待。过了一段时间，盖兹博士终于来到了这个房间。寒暄一番之后，博士问道："你乐意看看我静坐求索意念的地方以及我怎样静坐求索意念吗?"

他领希尔走进一间小小的隔音室。这个房间里仅有一张桌子和一把椅子,桌上放了几本笔记本、几支铅笔和一个用以开灯和关灯的按钮。盖兹博士解释说,当他得不到问题的答案时,他就走进这个房间,关门,落座,熄灯,高度集中思想,控制注意力,要求他的下意识心理为他的特殊问题提供一个无论什么样的答案。有时意念似乎很难出现,有时意念却会立即迸发。意念刚一出现,他就打开灯,将它记下。

盖兹博士完善了200多件专利品,原因就在于他能加上缺少的成分——"更多的东西"。他的方法是先检查这些专利品的使用情况和图样,直到发现它们的缺点,即所缺少的"更多的东西"。他常常在这个房间里集中思想以发现一个特殊难题的解法。盖兹博士在寻找"更多的东西"时,找到了集中思想来考虑问题的方法。他能用贯彻到底的积极行动去寻找他想要的东西。

■贝尔发明了电话

在贝尔之前,就有许多人声称他们发明了电话。格雷、爱迪生、多尔拜尔、麦克多那夫、万戴尔威和雷斯都曾经获得过发明电话的机会,雷斯是其中唯一接近成功的人。造成巨大差距的微小差别是一个螺钉。如果雷斯把一个螺钉转动1/4周,把间歇电流转换为等幅电流,那么他早就成功了——可是他并不知道这一点。

跟莱特兄弟的例子相仿,贝尔不过增加了一个简单的"更多的东西"——他把间歇电流转换成了等幅电流。这种电流是再生人类语言的唯一形式。贝尔能保持电路畅通,而不像雷斯那样间歇地中断电流。所以,美国最高法院做出结论:雷斯绝没有想到这一点,他未能用电信的方式转换语言。贝尔做到了这一点,所以贝尔是电话的发明者。在这种情况下,也不能坚持认为雷斯所做的东西是贝尔发明的前奏。他们的区别就在于成功和失败。如果雷斯坚持下去,他就可能成功,但他因停止而失败了。贝尔从事发明,并把工作一直进行到取得成功的结果。

■哥伦布的故事

哥伦布曾在位于意大利北部城市帕维亚的帕维亚大学攻读天文学、几何学和宇宙志、《马可·波罗游记》、地理学家的专著等各种各样的理论和书籍——所有这些都激发了他的想象。他逐渐产生了一个坚定的信念：通过归纳的推理，世界是一个球体；通过演绎的推理，可知从西班牙向西航行能到达亚洲大陆，正像马可·波罗的路线一样。

他决定实现自己的梦想。他开始寻找财政后盾、船只和人员，寻找"更多的东西"。在长达 10 年的时间内，他时常差一点就能获得必要的帮助，但是总有这样或那样的阻力阻止他获得帮助。但他依旧不懈努力。

1492 年，他终于得到了他坚持不懈地寻找和祈求的帮助。在那年 8 月，他开始向西航行，打算前往日本、中国和印度。虽然最后他没有到达亚洲，但他发现了"更多的东西"——新大陆。

●拿破仑·希尔成功信条

◎失败，你曾经尝试过吗？如果你要获得成功，你可能需要更多的东西，而你若还不具备这些东西，那你必将失败。重要的是：你必须把所有必要的部分加到整体上去。这就是欧几里得原理说的："整体的东西等于所有各部分的总和，而大于任何一部分。"

◎一般造成失败的主要原因就是消极的心态。有一些事实、普遍的定律和力量你可能很了解，其中的许多东西你也可能懂得，但是如何把它们应用于特殊的需要，你就未必知道了。某些已知或未知的力量你可能不懂得如何应用、控制或协调，所以有些人最终会失败。因为他一遇到挫折，就停止寻找"更多的东西"，最后只能是失败。

◎当有一条奇思妙想在你脑子里一闪而过时，请把它立即记录下来！这也许就是你正在寻找的"更多的东西"。我们相信我们是通过下意识心理同"无限智慧"进行交流的。有一种习惯你应当养成：当你的下意识心理闪现了一种奇思妙想到你的有意识心理中时，你就该把它立刻记录下来。当你养成向自己提问题的习惯时，你的心理力量就会得到发展。

◎失败可能出现在寻找的过程中。但是，这并不意味着在失败中，你就不可能获得成功。问问你自己："为什么？"要善于观察！要善于思考！要及时行动！我们相信：每个家庭都有适合自己的一部《圣经》、一本综合性的好词典或一部百科全书，它们也可以帮助你找到"更多的东西"。你要像哥伦布那样不以失败为耻！

●拿破仑·希尔成功金钥匙

"更多的东西"——的确我们也许曾经都闻所未闻，但是希尔却将它看得非常重要，因为它可能就是阻隔你与成功终点之间那最后的一段距离。一切也许已经"万事俱备，只欠东风"，但要获得这股"东风"，所花费的心力并不比之前的工夫要少。这实际上是对一个人心志的考验。成功与失败其实没有什么界限，就是看你能否坚持下去，一直等到灵感的迸发。所以，探索"更多的东西"的过程，也就是磨炼自己的意志力，并且以乐观、积极的心态得到灵感的过程，这个过程也许很漫长，但不可缺少。

第二章

成功的四件心理武器

学会观察

■佐治的故事（1）

佐治·坎贝尔诞生时就患有先天性的白内障，双目失明，医生们都束手无策。佐治不能看见东西，但是他的双亲的爱和信心使他的生活过得很丰富。

作为一个小孩，他还不知道他失去的东西。于是，在佐治六岁时发生的事情就让他无法理解。一天下午，他正在同另一个孩子玩耍。那个孩子忘了佐治是瞎子，抛一个球给他的时候喊了一声："当心！球要击中你了！"

这个球确实击中了坎贝尔，他虽没有受伤，但觉得极为迷惘、不解。后来佐治问母亲："比尔怎么在我之前先知道我将要发生的事？"他的母亲叹了一口气，因为她所害怕的事终于发生了。现在，她不得不第一次告诉她的儿子："你是瞎子。"

她是这样说的："佐治，坐下。"她温柔地说道，同时握住他的手。"我不可能向你解释清楚，你也不可能清楚地理解，但是让我努力用这种方式来解释这件事。"她同情地把他的一只小手握在手中，开始计算手指头："1、2、3、4、5，这些手指头代表着人的五种感觉。"同时她用大拇指和食指捏着每个手指，顺次捏来。"这个手指表示听觉，这个表示触觉，这个表示嗅觉，这个表示味觉。"然后她犹豫了一下又继续说，"这个手指表示视觉。这五种感觉都能把信息传送到你的大脑。"她把那表示视觉的手指弯起来，让它保持在佐治的手心里。"佐治，你和别的孩子不同，因为你仅仅用了四种感觉：一是听觉，二是触觉，三是嗅觉，四是味觉。但是，你并没有用你的视觉。现在我要给你一样东西。你站起来。"

佐治站了起来。他的母亲拾起他的球。"现在，伸出你的手，仿佛你将抓住这个球。"她说。佐治伸出了他的一双手，一会儿手接触到了球，他就把手指合拢，抓住了球。

"好，好。"母亲说，"我要你永不忘记你刚才所做的事。佐治，你能用四个而不是五个手指抓住球。如果你由这里入门，并不断努力，你也能用四种感觉代替五种感觉抓住丰富而幸福的生活。"

佐治的母亲用了一个生动的比喻，这种用简单的数字来说明问题的方法确是使两个人的思想交流得最快、最有效的方法之一。佐治绝不会忘记"用四个手指代替五个手指"的教导。这对他说来意味着希望。每当他由于生理的障碍而感到沮丧的时候，他就用这个信条作为自己的座右铭，激励自己。这成了他自我暗示的一种形式，在需要的时候，它会从下意识心理闪现到有意识心理。他发觉母亲是对的：如果能应用他所有的四种感觉，一定能抓住完美的生活。

■佐治的故事（2）

在佐治读高中期间，他生病进了医院。在他逐渐康复的时候，他父亲给他带来一个喜讯：先天性白内障已经能被科学攻克了。当然，这种疗法有可能失败，但成功的可能性大大超过了失败的可能性。

佐治渴望能看见，他愿为获得视觉而冒失败的风险。在随后的六个月里，医生给佐治精心做了四次外科手术，每只眼睛各做两次。佐治的眼睛蒙着绷带，他在阴暗的病房里躺了好些日子。终于，揭开绷带的日子到来了。医生慢慢地、小心地解去缠绕在佐治眼睛上的纱布。

"现在，你能看得见东西吗？"医生问道。

佐治从枕头上稍稍抬起头，觉得眼前模糊地出现了一个有色彩的形象。

"佐治！"一个声音说。他熟悉这种声音。这是他母亲的声音。

佐治·坎贝尔在他 18 年的生命中第一次看见了母亲。她有着疲倦的眼睛、62 岁的起了皱纹的脸、多老茧的手。但是，在佐治看来，她是最美丽的。对他说来，她是一个天使。佐治所看到的是她多年的辛劳和忍耐，多年的教导和计划，多年来为了使他的眼睛明亮而表现出来的挚爱和母性。直到今日，他还珍惜他第一次所见到的景象：见到他母亲的情景。他从这第一次的视觉经历中就学会了珍惜他的视觉。他说："我们没有一个人能理解到视力的奇迹，如果没有视力我们的生活会多么困难。"

■歌德·斯通的故事

在美国蒙大拿州西部边境比特鲁特山山脚的达比镇，多少年来，人们一直习惯于仰望那座晶山。它因为被侵蚀而暴露出一条凸出的狭窄部分有微微发光的晶体而得名。它们看上去有点像岩盐。早在 1937 年，这儿就修建了一条直接越过这块露面岩层的小径，但是此后一直到 1951 年，并没有一个人耐心地弯下身子去捡起一块发亮的矿物质，好好地观察一下。

就在 1951 年，达比镇的两个人——康莱先生和汤普孙先生，预感到了小镇矿物的价值而感到十分激动。他们看到一个矿物展品中的绿玉标本上附有一张卡片，说明绿玉可用于原子能探索，便立刻在晶山上立柱，宣示所有权。汤普孙把矿石的样品送到斯波坎城的矿务局，并要求派一名检验员来察看这种"储量巨大"的矿物。

1951 年的下半年，该矿务局在晶山采集了矿石样品并进行成分分析，认定这里确是极有价值的世界最大的铍的储藏地之一。于是，一些沉重的运土卡车奋力地陆续登山，又载着极为沉重的矿石慢慢地轧出一条下山的回路；在山脚下等待他们的，是手中拿着支票的美国钢铁公司和美国政府的代表——他们都急于购买这些矿石。

这一切，仅仅是两个青年人观察得来的。

■布兰克博士的实验

杜邦公司的化学家布兰克博士做了一次实验，但是失败了。他在实验后打开试管，观察到试管里明显地含有什么东西，因此觉得奇怪。他问自己："为什么？"他不像别的人处于类似这种情况时，会把试管扔掉。他称了称这个试管，发现它比同牌号、同型的试管要重些。布兰克博士又问自己："为什么？"布兰克为他的几个问题寻找答案，这样他就发现了非常透明的塑料——四氟乙烯，通称为特氟纶。后来，美国政府一度包销了杜邦公司的全部产品。

▇波普的宣传秘诀

在佛罗里达州柑橘地带下方有一个小镇叫作温特·海芬。它四野都是乡间农地，大多数人认为这里是完全不能吸引游人的地区。因为它与世隔绝，没有海滨，没有高山，只有一些小山包微微起伏，在山谷中有一些小湖；此外还有一些长着丝柏的沼泽地。

但是有一个人来到了这个地区，他用别人不曾使用的眼光看待这些长着丝柏的沼泽地。他的名字是瑞查德·波普。波普买下了这块沼泽地的一部分，用篱笆围住，把它创办成世界著名的丝柏花园。他拒绝了别人出价100万美元购买这块土地的意图。

波普想把公众吸引到这个荒凉的地方来旅游，但连珠炮似的广告耗资巨大，所以波普就只好从简单的广告入手。他先经营起了大众摄影。他在丝柏公园开设了一家摄影器材商店，向旅游者出售胶卷，并让技术高超的滑水运动员做出精彩复杂的表演。这时，他用高音喇叭向公众提示他们应当用什么样的相机框架拍摄这些动作，教他们如何拍摄花园的特殊镜头。

这些旅游者带回去的精彩照片就给波普做了最好的广告宣传。

▇爱迪生和母亲

爱迪生上小学的全部时间不超过三个月。他的老师认为他是"一个愚笨的、昏庸的蠢货"，孩子们称他为"笨蛋"，他的成绩也确实经常是全班最后一名。爱迪生常在石板上画画。他到处观察，倾听每个人说话。他常提出一些"不可能的问题"，但不肯说出他懂得什么，甚至在处罚的威胁下也不肯。他的老师和同学都异口同声地说：他太笨了。

然而，在他的一生中，有一件事促使他从消极心态转到了积极心态，从而发展成一位划时代的发明家。当他的老师告诉学校的督学，说他是"昏庸的"学生，他在学校里再也不会有任何价值的时候，他的母亲带着他奔到学校向校方大声地声明：她的儿子托马斯·阿尔瓦·爱迪生比这位教师和这位督学更有头脑。

爱迪生称他的母亲是所有孩子的最热情的拥护者。从那一天起，他在母亲的熏陶下成了另一个孩子。他说："我的母亲给我的影响使我终身受益。我不能失去她早期给我的良好的影响。我的母亲总是十分亲切，总是富有同情心；她绝不会误解我、错看我。"母亲对他的信任使他以一种完全不同的态度看待他自己。这使他用积极的心态去学习和研究。这种态度教导爱迪生用更深刻的心理洞察力去思考、理解、创造和发展有益于整个人类的发明物。那位教师没能做到这一点，因为她并非真有诚意和兴趣来帮助这个孩子。他的母亲却完全做到了这一点。

●拿破仑·希尔成功信条

◎佐治指出："我们所看见的东西总是心理的翻译。我们必须训练心理以翻译我们所看到的东西。"这是用科学作为背景所进行的观察。"看的过程的大部分完全不是由眼睛来做的。"若肖博士在描述看的心理过程时说，"眼的动作像手一样，伸到那里，抓住无意义的东西，把它带到大脑。然后大脑把这种东西转换成记忆，再用比较的动作进行翻译，直到这时，我们才能真正看见什么东西。"

◎我们当中很少有人善于去观察生活。我们的眼睛通过大脑的心理程序所传给我们的信息，我们往往没能加以滤清，结果就导致了我们观察事物时不能完全、真正看见它们。我们不能领会它们对于我们的意义，是因为我们只是获得了生理上的印象。换句话说，这些传到我们大脑中的印象，我们并未用积极的心态去理解它们。

◎事实上，有一些人在他们的一生中都被认为是十分愚蠢的，哪怕他们是最伟大的人。直到他们掌握了积极的心态，学会了理解他们自身的才能，并且懂得展望他们的确定目标，他们才开始沿成功之道攀缘而上。

◎我们要常常问自己："为什么？"尤其是当我们见到什么不懂的东西时；我们还要更密切地观察它，因为我们可能会获得巨大的发现。

向自己提问题，向我们自己或别人提出使我们自己迷惑不解的问题，可能使我们获得丰厚的回报。

◎我们心中所涌现的许多新的想法会使别人觉得我们很狂妄，尤其当我们学习用新的眼光观察事物时。但如果我们坚持初衷去行事的话，很可能会使我们获得大量的财富。

●拿破仑·希尔成功金钥匙

给自己提出一个问题是个很好的习惯，它能帮助你打开心灵的窗户，也就是让心理上的观察力更加发挥作用。我们日常生活当中很多事情都会显得极其简单而容易被人忽略，这不仅仅是因为我们不够细心，更是因为我们缺少问自己问题的习惯。"这是为什么？""那是为什么？"当我们向自己提出这些问题的时候，我们必然需要打开心理视觉，配合我们的视觉进行追问和判断。这种行为有助于你的积极心态更好地发挥。所以，学会观察，不仅仅是用生理上的眼睛，而且要用心理上的"眼睛"，这是把自己的心态调整为积极不可或缺的重要一步。

立即行动

■这一天不能浪费

丹麦哥本哈根大学的学生乔伊兼职做导游，在整整一个夏天里，他的服务是如此之好，以至于所做的工作大大多于他所得的报酬。那些从芝加哥来的游客无以为报，就安排他去美国旅游一次。其中的一站是华盛顿。

乔伊到达华盛顿的旅馆并在那里登记，早有人将他在那儿的账单预付了，这使他无比惬意。可是，当他准备就寝时，却劈面碰到了一次意外的打击——钱包不见了。那里面可装着他的护照和大部分的现金哪！他立刻跑到楼下旅馆的柜台向经理说明了情况。工作人员尽了最大的努力去找，可是直到第二天早晨，钱包仍不知下落。乔伊的衣袋里只有不到两元的零钱。现在他孑然一身，飘零异邦，怎么办呢？究竟是先打电报给芝加哥的朋友，告诉他们所发生的事，还是在警察总局等上一天，看看有没有好消息？

突然他对自己说："不！我可不愿意这样干！我这是第一次来华盛顿，也可能是最后一次。我在这个伟大的首都里只有宝贵的一天的时间。如果我现在不去参观华盛顿，就不会再有这样的机会了。"

"现在应当是很愉快的时候。毕竟，我还有去芝加哥的机票，还有许多时间解决现款和护照的问题。现在的我和失去钱包以前的我应是同一个人。那时我很愉快，现在我应当也很愉快——刚刚到达美国，有权在这个伟大的城市里享受一个假日。我不愿把时间浪费在由于损失而引起的不愉快中。"带着这样的想法，他开始在华盛顿漫游。他看了白宫和国会大厦，参观了一些巨大的博物馆，他甚至爬上了华盛顿纪念碑的顶部。虽然因为金钱的限制，他不能到这个城市更远的地方去，有些仰慕已久的地点也未能到达，但凡是他到过的地方，他都看得很仔细。他买了些花生和糖果，细细咀嚼，用来填饱肚子。他回到丹麦后，那天徒步旅游华盛顿成了他在美国旅程中最美好的部分——如果乔伊不懂得立即行动的道理，那一天就可能从他那儿毫无意义地溜掉了。

令人喜出望外的是：在乔伊丢失钱包、护照的五天后，华盛顿警察局找到了它们，并送还给了他。

■纽约皮货商的女儿

纽约皮货商有一对姐妹花女儿——露丝和埃娜。

这位皮货商同时也是一个画家，只是不那么成功。他深深懂得生活的艰难——赚钱维持一家的生计才是最重要的，所以他根本没有精力去作画，而只能收集图画。尽管如此，姐妹花还是增长了许多美术知识，她们的欣赏能力也得到了提高。当她们长大时，她们的朋友如果要装饰他们的家庭，常常会请教她们俩；而她们也常常把她们收集的画借给朋友们用上两天。

有一天晚上，埃娜把露丝从梦中推醒了："嗨，我有个主意，我们马上建立一个伟人同盟吧！"

"什么是伟人同盟？"露丝问道。

"伟人同盟就是几个志同道合的人紧密配合，共同努力，以达到一个确定的目的的组织。我们两个可以一起开展图画出租的业务！"

露丝对这个大胆的想法也表现出了相当大的兴趣，从这个晚上起她们便着手实施——虽然朋友们警告她们有价值的图画可能遗失或被盗，也可能会有保险纠纷或其他官司，但她们仍坚持干下去——她们筹措了 300 美元的资金，并且说服了父亲把皮货店的底层提供给她们开展业务。

"我们选出了 1800 幅珍藏，把它们装在了画框中。"露丝回忆说，"父亲显得比较消极，而且有些反对，但是我们并不在乎。第一年的光景真是惨淡——那是一次真正的奋斗。"

但是，这个新奇的想法最终变成了现实。姐妹俩的公司叫作"纽约循环图画图书馆"，这里常年会有约 500 幅图画出租给商业公司、医生、律师以及不同的家庭。有一次，姐妹俩收到了一封来自马萨诸塞州忏悔所中待了 8 年之久的一个人写的信，他在信中显得很客气，担心因为这个地址，图书馆不会把画借给他，但是，除去运费，一些画免费寄到他的手中了。监狱当局为了回报这个图书馆，写了一封信给露丝和埃娜，说明她们的图画如何用于艺术欣赏，使几百个囚徒获益不浅。这个人也成了她们的重要客户。

露丝和埃娜从一个想法出发，立即动手，开创了她们的事业。结果不仅对她们自己有利，更给予了许多人快乐和幸福。

■ "百万美元圆桌英雄"曼利

曼利是一个保险推销员，他的爱好是深入到别人没有去过的丛林当中去获取猎物，他非常喜欢这项活动，并且从中还获得了做保险业务的灵感。他想，既然连我都这么喜欢到远郊或者森林里去，那么如果有一群人，他们住在荒野的地方，而这些人又需要保险，那他就能在野外开展工作。虽然这个想法有些不着边际，但是我们的曼利的确发现了这样一群人：他们正在野外从事修建铁路的工作；在绵延 800 千米长的铁路线上，他们分散着住在不同工段的房子里。如果向这些人兜售保险单，又会有怎样的收获呢？

曼利在想到这个主意的那一天就制订了计划。他不希望随着时间的耽搁，怀疑会来打断他的工作，就立即投入到了实地考察和工作当中。他沿着铁路线往返了很多次，以至于得到了一个外号叫作"徒步曼利"。在那些孤独的人们和家庭间，他成了一个受欢迎的人。他向他们推销保险单，也免费给人理发，向那些只吃罐头食品和火腿的单身汉传授烹饪术。他做得是这样地自然而然，并且平常爱好踏遍群山、打猎、钓鱼——如他所说，"过着曼利式的生活"！

在美国的人寿保险业务上，如果你在一年中能够做出100多万美元的业务的话，那将是非常大的荣耀，人们会把你叫作"百万美元圆桌英雄"。曼利在享受自己生活的同时，也成了这样一位"百万美元圆桌英雄"。

●拿破仑·希尔成功信条

◎对于成功，行动是最重要的一个秘诀。

◎我们的藏书和词汇的一部分其实是我们惯常所读到的和认识了的东西转变成的，只是还没有变成我们生活的一部分。

◎播下一个行动，你将收获一种习惯；播下一种习惯，你将收获一种性格；播下一种性格，你将收获一种命运。

◎"自我发动法"是一个自我激励的警句："立即行动！"无论何时，当你的下意识心理闪现出"立即行动"这个警句到你的有意识心理时，你就该立即行动。平时就要养成一种习惯：对某些小事情要用自我激励警句"立即行动"做出有效的反应。这样，一旦发生了紧急事件，或者当机会自行到来时，你就能做出强有力的反应，立即行动起来。

◎我们最初的主意有时候会让我们有点害怕。因为它可能既是珍奇可贵的，又是荒诞无稽的。毫无疑问，我们需要有足够的勇气去执行一个未经试验的想法，然而，正是这种勇气往往产生了最壮观的结果。

◎记住自我发动的警句："立即行动！"你的生活的各个方面可能会被它所影响。如果那些你不想做但又必须去做的事它都能帮助你去完成，那么它也能帮助你去做那些你想做的事。有许多宝贵的时机它能帮助你抓住。不管你成了什么人或者你是什么人，如果你想成为你想象中的那种人，你必须以积极的心态行事，这样才能成功。

●拿破仑·希尔成功金钥匙

中国有句古话叫作"言必信，行必果"，这句话可以看作许多年后对希尔先生所倡导的"立即行动"的一个很好的呼应。当你有了一个念头之后，千万不要让一时的犹豫和怀疑干扰了你的决定，应首先投入到你的实际行动当中去。拿破仑·希尔告诉我们，不要考虑你的投入究竟会有怎样的效果，因为假如你什么都不做的话，那么设想的结果再好，一切也只能是零。成功并不是从零开始的，而是从"一"开始的。而这个促使你最终取得满分的"一"，就是希尔先生所说的"立即行动"。

跨越障碍

■恰瑞·沃德的故事

　　恰瑞·沃德出身贫寒。他卖过报纸，也擦过皮鞋，还当过货船上的船工。17岁高中毕业之后他就离开了家，加入流动工人大军中。他赌博，同所谓"边缘人物"混在一起。军事冒险者、逃亡者、走私犯、盗窃犯等等一类人都成了他的同伴。他还参加过墨西哥潘琼·维拉的武装组织。"你不接近那些人，你就不会参与那些非法活动，"恰瑞·沃德说，"我错就错在交错了朋友，同坏人纠缠在一起。"他时常在赌博中赢得大量的钱，然后又输得精光。最后，他因走私麻醉药物而被捕、受到审判并被判了刑。

　　恰瑞·沃德进入莱文沃斯监狱时是34岁。虽然他身边都是些糟糕的朋友，但之前他并没有入过狱。他声称任何监狱都无法牢牢地关住他。他试图寻找机会越狱。但此时发生了一个转变，使恰瑞本来消极的态度变得积极起来了。在他的内心中，有个声音在嘱咐他：要停止敌对行动，变成这所监狱中最好的囚犯。从那一瞬间起，他整个的生命浪潮都流向对他最有利的方向。

　　恰瑞·沃德开始掌握自己的命运。他改变了好斗的性格，也不再憎恨给他判刑的法官。他决心避免重犯罪恶。他开始注意周围的环境，并想尽办法使他在狱中尽可能过得愉快些。

　　首先，他向自己提出了几个问题，并在书中找到这些问题的答案。此后，直到他在73岁逝世，每天他都要读书，求索激励、指导和帮助。一天，一个刑事书记告诉他：一个原先在电力厂工作的囚犯将要获释。恰瑞虽然不懂电学，但他翻阅了相关的书籍，并且得到了那位懂得电学的囚犯的帮助，恰瑞掌握了这门知识。不久，恰瑞申请在狱中工作，因为其言谈举止很得人心，所以他得到了工作。恰瑞·沃德继续用积极的心态从事学习和工作，他成了监狱电力厂的主管人，领导着 150 个人。他鼓励他们每一个人把自己的境遇改进到最佳。

▓恰瑞和毕其罗的故事

美国中北部明尼苏达州首府圣保罗市布朗·毕其罗公司经理毕其罗因被控犯了逃税罪，进入了莱文沃斯监狱，在这里他遇到了恰瑞·沃德。恰瑞对他很友好，他激励毕其罗设法适应自己的环境。毕其罗十分感谢恰瑞的友谊和帮助，他在刑期行将届满时告诉恰瑞："你对我十分亲切。你出狱时，请到圣保罗市来。我们将给你安排工作。"恰瑞获释出狱后，就来到了圣保罗市。毕其罗如约给恰瑞安排了工作，周薪为 25 美元。恰瑞在两个月之内就成了工头。一年后，他成了一个主管人。最后，恰瑞当上了副会长和总经理。毕其罗逝世时，恰瑞成了公司的董事长。他担任这个职务直到逝世。

在恰瑞的管理下，布朗·毕其罗公司每年销售额由不足 300 万美元上升到 5000 万美元以上，成了同类公司中最大的。恰瑞由于怀有积极的心态，极愿帮助那些不幸的人。这样，他本人就得到了平静的心情、幸福、爱和人生中有价值的东西。他的最不平常和最值得表扬的事迹就是雇用了 500 多位来自监狱的男女。他们在他严格而明了的指导和鼓励之下，奔向了重新做人的大道。但他决不忘记他曾经也是一个犯人，他戴着一个手镯，上有一个标签，刻有他在监狱时用的编号，作为标记。

▓大楼出租率 100%

芝加哥北密契根大道的一个地区现被称为"富丽里"。1939 年，那里的办公楼群可谓山穷水尽，一座座大楼里空空如也。假如说一座楼出租了一半，那它就已经再幸运不过了。这一年的商业相当不景气，消极的心态像乌云一般笼罩在芝加哥的上空。大家找不到工作，都觉得没有任何前途，非常悲观。

然而就在这时，一位抱着积极心态的经理走进了这个一团糟的地区。

他受雇于西北互助人寿保险公司，来管理该公司在北密契根大道上的一座大楼。公司是以取消抵押品赎取权而获得这座大楼的。当他接手时，这座大楼只出租了10%。但不到一年，他就使它全部租出去了，而且还有长长的待租人名单送到他的面前。这其中有什么秘密呢？新经理把无人租用办公室作为一次挑战，而不是作为一个不幸。

他采取了以下五点措施：

1．要选择称心的房客。

2．要激发吸引力，为房客提供芝加哥市最漂亮的办公室。

3．租金不高于房客现在所付的房租。

4．如果房客按为期一年的租约付给我们同样的月租，我就对他现在的租约负责。

5．除此以外，我要免费为房客装饰房间。我要雇佣富有创造性的建筑师和内装工，改造我们大楼的办公室，以适合每个新房客的个人爱好。

对这五点可以做出如下的解释：

1．如果我们满足了房客的需要，他们在未来的年份中会准时、如数地交付房租。

2．出租办公室仅以一年为基数，这是已经形成了的习惯。在大多数情况下，房间仅仅空几个月就可接纳新的房客。因此，租金总是会有的。

3．在一所设备良好的大楼里，一个房客一定要在他租约期满的那一年年末退租，也比较易于再租。免费装饰办公室也不会得不偿失，相反会增加全楼的价值。

这些举措果然效果极好，每一个新近装饰过的办公室似乎都比以前更为富丽堂皇。房客都很热心，许多房客花费了额外的金钱。有一个房客在改建过程中就花费了2.2万美元。这座大楼开始时只租出10%，到年底便100%地租出了。并且，没有一个房客在他的租约满期后想走。房客们很高兴住上了超摩登的新办公室。第一年的租约期满后，经营方也没有提高租金——他们赢得了房客们的信任和友情。

●拿破仑·希尔成功信条

◎恰瑞·沃德曾经被判刑入狱，谁都无法想象他会变成什么人——如果沃德继续往原来的方向奔去。他在狱中学会了用积极的心态去解决个人问题，终于使他得到了改造，营造出了更适合生活的、更好的世界。他变成了有益社会的善良的人。

◎消极的态度有传染性，而不良的习惯往往也有传染性。每一个人的伙伴其实都是需要关怀的，我们可以帮助他们尽可能达到人生的最高水平。比如，你能帮助孩子们去选择良师益友就是对他们最大的服务。

◎如何可以走向成功，其实就是一个想法紧跟以一个行动；要想把失败转变为成功，往往也只需要一个想法紧跟以一个行动。

◎一种人说："我有一个问题。那是很可怕的。"另一种人说："我有一个问题。那是很好的！"如果一个人能够在他的问题扩大之前抓住问题的真相，洞察它并寻求解决，那么，他就是懂得如何用积极心态去面对问题、解决问题的人。如果一个人能形成一种行之有效的想法，并紧接着付诸实行，他就具备了将失败转变为成功的能力。

◎如果你是一个小商店的店主，或者作为一个个人，你能够研究和实验这些方法，能使这样一个大公司所运用的原则通过口述和吸收成为自己的，也能用新的想法、新的生活、新的血液、新的活动作为催化剂，继续成长，就能把向下的趋势改为向上的趋势，最终让你与众不同！

●拿破仑·希尔成功金钥匙

中国的老子说"祸兮福所倚，福兮祸所伏"，其实就是希尔在这一节中所说的道理。当一个难题摆在你面前时，它可能是一次入狱或者破产那样的灾难，也可能是一个难以解决的棘手问题，你用什么心态来看待这个问题很关键。唯一能够成功的方法是把它看作挑战而并非一个难以逾越的障碍。这是心理上的第一个炸弹。

你一定能做到

■斯通先生营销有道

著名的销售专家克瑞门特·斯通先生有这样一个故事：他训练了一位成功的销售人员，并且让许多人受到了鼓舞。

那是在美国艾奥瓦州西奥克斯城的一个晚上，斯通听到一位推销员抱怨说，他在西奥克斯中心已经工作两天了，却没有卖出一样东西。他说："在西奥克斯中心出售商品是不可能的，因为这儿的人是荷兰人，他们讲宗派，不想买生人的东西。此外，这片土地歉收已达五年之久了。"

尽管他这样抱怨，但斯通还是建议这个销售员和他一起再去一趟西奥克斯城，再做一次生意。

在去的路上，斯通反复思考着销售员讲过的话：他们是荷兰人，讲宗派，因此他们不愿买我们的东西。那有什么关系呢？一个普遍的事实是：如果你能将东西卖给一族人中的一个人——特别是一个领袖人物，你就能卖东西给全族的人。他一直在想他能同这些人做成生意、怎么做生意，而不去想为什么他不能同他们做成生意。斯通决定，要把第一笔生意做给一位适当的人。即使要花费很长的时间，他也要做到这一点。

同时他又想到，这片土地歉收已达五年之久，还有什么能比这一点更好呢？荷兰人是极好的人，他们十分注重节约，做事认真负责，他们需要保护他们的家庭和财产。但他们很可能从来没有购买过意外事故保险单，也许根本就没有人向他们推销过这种保险，包括他身边这个销售员。斯通对自己公司的价廉物美的保险单非常有信心。

到达西奥克斯中心时，他们首先进了一家银行。当时，那儿有一位副经理、一位出纳员、一位收款员。20分钟内，副经理和出纳员各买了一份斯通公司所乐于销售的最大的保单——全单元保单。接着，他们一个商店接着一个商店、一个办公室接着一个办公室地访问每个机构中的每一个人，有条不紊地兜售着他们的保险单。

"太让我吃惊了，那天所有人都无一例外地购买了全单元保险，顺利得有如神助！为什么在同一个地方，别人的销售失败了，而我的销售却成功了呢？实际上那个销售员失败的原因和我成功的原因是相同的。他说他不可能售给他们保险单，因为他们是荷兰人，并且有宗派观念。那是消极的心态。现在，我知道他们会买保险单，因为他们是荷兰人，并且有宗派观念。这是积极的心态。而且他说他不可能售给他们保险单，因为他们已歉收达五年之久。那是消极的心态。我知道他们会买，因为他们已歉收达五年之久。这是积极的心态。"斯通先生说。

斯通深知鼓舞和热情是销售组织的生命。除非人们不断地添加燃料，否则鼓舞和热情的火焰总是要熄灭的。

■ 顽皮的孩子和他的继母

一个小孩被他的父亲和兄弟们认为是一个应该下地狱的人。只要是有什么事情发生，那么大家怀疑的对象，第一个就会落在这个孩子身上。诸如母牛从牧场上放跑了，或者堤坝破裂了，或者一棵树被神秘地砍倒了，人们就会交头接耳地说："这一定是那个小鬼干的。"可笑的是，这样的怀疑竟然还言之凿凿。

既然大家都觉得这个孩子顽劣不堪，那他就真的这么自认为了。有一天，这个孩子的父亲忽然宣布他即将再婚。孩子们都很好奇：继母会是什么样的人？而这个孩子则断然认为，即将到来的新母亲是不会给他一点同情心的。

这位陌生的妇女进入他们家的那一天，父亲站在她的后面，让她自行对付这个场面。她走遍每一个房间，很高兴地问候每一个人。这个孩子直立着，双手交叉着叠在胸前，凝视着她，眼中没有丝毫欢迎的表露。

父亲介绍说："这个孩子是所有兄弟中最坏的一个。"

但是，继母的回答让这个孩子一生都难以忘记。她说："这是最坏的孩子吗？完全不是。他恰好是这些孩子中最伶俐的一个。而我们所要做的，无非是把他所具有的伶俐品质发挥出来。"继母彻底改变了这个孩子的性情，她的深厚的爱和不可动摇的信心激励着他，让他忽然有了自信，成了她相信的他能成为的那种孩子。

■激励人要对症下药

心理学家瓦尔特·克拉克到玛西百货公司以及其他几个著名的公司担任人事职员时，正逢一个著名的心理测验。人们用这种测验方法为公司提供申请就业者的信息：申请者的智商、资质和个性。但是，有些重要的指标却丢失了。瓦尔特就努力寻找这种失掉的原因。他想："工程师能选择适当的部件，并把它安装到适当的位置上，以使机器能有效地发挥作用。我要给人们做的事也是这样的：选择恰当的人担任恰当的工作。"瓦尔特发现，人们在工作上是常会失败的，即使心理测验表明他们的智慧、资质和个性足以在这份工作上取得成就。

"为什么那时我们有这么多的缺勤者、人事变动和失败呢？"

现在，这个问题的答案十分简单和明了，而别的心理学家却没有发现这个答案，这倒是令人惊讶不已的事。因为瓦尔特明白一个人不是一个机械体，人具有心理，他的成功或失败，都是由于他的心理受到了或未受到激励而造成的。因此，瓦尔特努力发展一种分析技术，它能：

1. 指出在令人愉快的或痛苦的环境中个人行为的倾向；

2. 说明环境的种类：能在有利的形势下吸引人的环境，或能在不利的形势下排斥人的环境；

3. 在本质上指出"自然而然地来到"的事物。

使用这种技术，就能成功地分析一定的工作需要什么样的条件。瓦尔特勤奋工作，不断探索，因此能够发现和准确地认识到他正在寻找的东西。他发展了他称之为活动矢量分析的技术，它的较著名的术语是ＡＶＡ；它的基础是语义学，特别是个人对词形的反应。瓦尔特根据就业申请者所给的答案，设计了一种图表。他还求得了一个公式，用以设计类似的图表，使之能适用于任何特殊的工作。当他发现申请者的图表符合某种工作的图表时，他便找到了人员与工作的完满的结合。为什么？因为这时申请者就自然会获得属于他的工作。一个人能做他所喜欢做的工作——这是很惬意的。

按照瓦尔特的设想，活动矢量分析的目的是帮助商业管理：

1. 选择人员；

2. 发展管理；

3. 削减缺勤造成的高额费用；

4. 加速人员的周转。

瓦尔特达到了预定的主要目的。

斯通多年来也在不断地探索一种科学的劳动工具，以帮助他的代理人成功地解决他们的个人、家庭、社会、业务等方面的问题。他在寻找一种简单、正确和可用的公式，以便把这种公式用于特定环境中特殊的个人，从而消除臆测，并节省时间。因此，斯通听到活动矢量分析时，就做了调查，并立即承认：这正是他长期以来一直在寻求的劳动工具。他看出活动矢量分析可用于许多目的，大大超出了构思它时所定的目的。当他在瓦尔特的指导下学习时，他就得出了一个无可置疑的结论：当你了解了这个人的个性特点是什么、他的环境是什么，激励着他的东西是什么时，你就能激励这个人了。

■实例

1. 假定一位销售员很胆怯，而他的工作又要求他积极主动，那么：

(1) 销售经理可以讲清道理，指出胆怯和恐惧是自然的。他可以说明别人是如何克服了胆怯的，再向那位销售员建议：经常对自己说一句自我激励的话。

(2) 在这个例子中，销售员应当每天早晨或其他时间里多次重复这句话："要进取！要进取！"如果他处在需要他积极大胆行动的特殊环境中，而他又感到胆怯时，他就特别要这样做。在这种情况下，他应根据自我发动警句"立即行动！"而行动起来。

2. 当销售经理发现他的销售员有欺骗或不诚实的行为时，他可以找销售员谈一次话。如果这位销售员愿意改错的话，那么：

(1) 销售经理就可以告诉他别人如何克服了这个毛病，并给这位销售员一些励志的书籍。我们已经发现了在这方面特别有效的一些书：斯威特兰德著的《我能》、丹福斯著的《我激励你》等。

(2) 在这样的事例中，正如同上例的②项，销售员要重复地对自己说"要诚实！要诚实！"特别是在特殊的环境中，他被引诱成为不诚实的人或进行了欺骗时，他更要有勇气面对真理。

■摩根怎么得到的回信

任何人都可以写一封信，提出建议，从下意识上影响收信人的心理。这是一个激励别人的好办法。

摩根就曾经这样做过。他的妹妹有两个大学生儿子，但是妹妹抱怨说他们从来都不肯给家里写信。摩根说，如果他写信给这两个孩子，就可以使他们立即回信。他的妹妹要他证明给她看，摩根就给两个侄子各写了一封信。很快他就收到了回信。妹妹大吃一惊，问道："你怎么就能让他们回信呢？"

摩根笑了，他把两封回信递给她看。孩子们都谈到了大学生活有趣的信息和思家之情；结尾处更是惊人地相似，他们写了一句话："你随信附寄的 10 元钱没有收到。"

●拿破仑·希尔成功信条

◎当你去激励别人的时候，你首先要使他们有自信心。

◎知道如何去激励别人，这是十分重要的。这就要懂得怎样用有效的态度和悦人心意的手法。每个人在一生中都起着双重作用，扮演着两种角色：你激励别人，别人也激励你；既当双亲，又当孩子；既是教师，又是学生；既是销售员，又是顾客；既是主人，又是仆人。

◎别人口头上的劝告，现在的孩子可能不大会接受；然而，书写端正、语调亲切的书信中所提出的劝告，他们可能会更易于接受。只要这封信写得很适当，它就可能被孩子们经常地阅读、研究、消化。例如：行政经理或销售经理给他的销售员写封恰当的信，就能激励他们打破原先的销售纪录；同样，一位销售员如果写信给他的经理，也会从这种激励的工具中受益不浅。

◎一个人在写信之前，必须要思考——要首先提炼出思想来，写信人才能把他的思想写到纸上；要指导收信人做出令人满意的事情，那么首先就要能提出问题。得到一封回信往往就是因为信中提出的一个问题。假如写信人想收到收信人的回信而没有得到时，他就应像广告专家那样用一种诱饵。

●拿破仑·希尔成功金钥匙

　　"当你去激励别人的时候,你要使他们有自信心。"这是我们可以奉为经典的激励别人的名言名句。没有比让一个人对自己产生无穷的自信更好的方式去让他有勇气获取成功了。拿破仑·希尔在这里给出了一种激励别人的最好方法。当你足够信任对方,并且让对方感知到你的信任的时候,对方内心的渴望和动力就会被调动起来。他们会明白自己究竟需要什么东西,能够确定自己的目标,激活自己内心深处的种种渴望。这就是一个激励他人的过程。所以,激励别人的关键,就在于你的表示,并且找到各种证据和例子来说服他,让他向这个目标前进。

几把钥匙，开启财富之门

借用外力

■ "借钱行家"

百万富翁恰瑞·森姆斯 19 岁时还是个穷小子，除去已找到一份工作和积攒下一点钱以外，他并不比大多数十几岁的孩子更富裕。他生活在得克萨斯州东北部的达拉斯城。每个星期六，恰瑞都会去一家银行存款，这引起了一位银行家对他的兴趣。因为这位银行家觉得他品行不错，而且很有能力，懂得金钱的价值。

当恰瑞决定自行经营棉花买卖的时候，这位银行家贷款给他。银行家让恰瑞感受到，这个人是自己的朋友。大约过了半年，恰瑞从一个棉花经纪人变成了一个骡马商人，而这位银行家始终是他身后的支持者。

恰瑞当了骡马商人几年之后，有一天忽然有两个人来找他。通过介绍恰瑞得知，他们都是在保险推销员当中有着良好声誉的高手，他们是来请他为他们工作的。

事情是这样的：这两位推销员成功地推销人寿保险单多年，他们受到激励，自己开办了一个保险公司。他们虽然是出色的推销员，但却是蹩脚的商业管理员。因此，他们的保险公司总是赔钱。他们渐渐领悟到一个道理：

仅仅依靠销售其实不能完全取得成功，拙劣的经营管理使赔钱的速度比赚钱的速度更快，所以他们需要一个优秀的管理人员。

其中一位对恰瑞说："恰瑞，你有良好的经营知识，我们需要你。我们联合到一起就能成功。"恰瑞欣然同意。确实，恰瑞是个非常出色的管理人员，他利用各种计划和借用他人的资金将公司办得有声有色，并且几年之后，他购买了那两个销售员创办的公司的所有股票。这笔钱从何而来？当然是从银行借的。

很快这个公司的年销售额就达到了 40 万美元。但这远远不是恰瑞满意的。他又向州立达拉斯共和银行提出了贷款。众所周知，这个银行愿意帮助建设得克萨斯州。贷款给恰瑞·森姆斯这样正直、有计划而又懂得如何执行计划的人正属于这个银行的业务范围。恰瑞将自己的计划解释给银行家们听，并且获得了贷款。10 年之后，这家年销售 40 万美元的小公司的业务发展到了 4000 万美元以上。

恰瑞成了名副其实的"借钱行家"。

■纳文的故事

纳文是一个商人。有一次，一个顾客来到他在洛杉矶的杂货店请求帮忙，结果他很好地解决了问题。为了表示感谢，这位顾客向纳文透露了一个商业机密：拥有 15 年历史、生产一种上等美发膏 VO－5 的一家公司可能要卖掉了。

这个消息让纳文非常激动，这可是他扩张自己事业的绝好机会。纳文立刻采取了行动。一切都非常顺利，就在那天晚上，他就同那个公司的业主商谈好了——通常的情况下，因为双方并不认识，这种谈判往往要花上好几周，甚至几个月的时间。但是因为纳文有着令人愉快的脾气和通情达理的态度，所以只花了一个晚上双方就以 40 万美元的价格成交了。

虽然当时纳文的生意不错，但是他手上的流动资金却远远没有 40 万那么多。到哪里去筹措这 40 万美元呢？

第二天早上，当他醒来时，他有了一闪而过的灵感。银行家曾经给他介绍过三位顾客，而他曾经帮助过他们，也许他们能给他提供一些正确的建议和帮助。他通过长途电话找到了其中一位，对方提出了一系列的投资要求，包括：

1. 巩固自己所有的业务；
2. 把自己的全部精力集中于一个有限公司；
3. 这个公司要在五年期间，按 1/5 分期付款偿清贷款；
4. 按贷款的现行利率付息；
5. 把公司 25% 的股票作为鼓励投资的奖金。

纳文表示完全同意，于是他获得了对方给予的 40 万美元的投资。不久，纳文的 VO－5 美发膏就流行于美国各地和许多国家了。对化妆品制造商来说，12 月通常是一年中最差的月份。但是，在纳文接管那家公司一年半以后的那个 12 月份中，公司的营业额达到 87 万多美元。这个数额相当于原先那个 VO－5 美发膏和冲洗剂公司一年的营业额。

■斯通的划算买卖（1）

年底的时候，斯通开始打算建立一个保险公司，它的规模要相当庞大，能够在几个州内开展业务。斯通计划好了一切，他打算在新年的年底之前完成这个计划，并且信心十足。现在唯一缺少的就是钱。

斯通分析他面临的问题，他认为首先应当让外界知道他需要什么，才会得到帮助。当然，这种需要不能被竞争对手知道，而且需要被能够给他帮助的人知道。斯通就是这么做的。当他遇到工业界中能提供信息的人时，他就告诉对方他在寻找什么。

事情一开始并不如斯通想象的那么美好。新年很快到来，然后是一月、二月……直到十月都快过去了，斯通还是没有找到能够满足他基本需要的投资者。但奇迹还是发生了。十月的一天，斯通正在书桌旁工作时，电话铃响了起来。一个急促的声音在听筒那边说道："喂，斯通，我是吉布森。"吉布森十分焦急地说道，"我想我这里有一个你听了会很高兴的消息：马里兰州的巴的摩尔商业信托公司将要清偿宾夕法尼亚意外保险公司，因为它遭受了巨大损失。你当然知道，宾夕法尼亚意外保险公司归巴的摩尔商业信托公司所有。下周四，信托公司将在巴的摩尔召开董事会。所有宾夕法尼亚意外保险公司的业务已经由商业信托公司所属的另外两家保险公司再保险。商业信托公司副总经理的名字是瓦尔海姆。"

斯通向吉布森道了谢，又问了两个问题，就挂了电话。他突然想道：如果我能制订一个计划提供给商业信托公司，他们按此计划比按照他们自己所提出的计划可以更快、更有把握地实现他们的目标，那么，说服董事们接受这项计划就很容易了。

■斯通的划算买卖（2）

斯通很快搞定了这项计划里面几乎所有的参与者，大家对他的新计划都很感兴趣，唯一的问题还是那个老大难：钱。这个公司拥有 160 万美元的资产，斯通怎样弄到这 160 万美元来吞掉这个公司呢？

事情的经过如下：

"这 160 万美元的资产怎样办呢？"瓦尔海姆先生问道。

斯通对这个问题已经有了成熟的思考，他立刻答道："你们的商业信托公司不是有贷款业务吗？我将向你们贷这 160 万美元。"

两个人心照不宣地都笑起来了。接着斯通继续说："你不会有任何损失，还能大赚一笔。包括我现在正在买的价值 160 万美元的公司，都可支持这笔贷款。还有什么比你们将卖给我的这个公司更好的抵押品呢？更重要的是：这种方式将更快、更有把握地帮助你们解决问题。"

"那么，你打算怎样还钱呢？"瓦尔海姆又问斯通。

斯通则告诉他，在宾夕法尼亚意外保险公司所获准的 35 个州的营业范围内开办事故和健康保险公司，并不需要超过 50 万美元的资金。所以，当这个公司以后全部归他所有时，他所必须要做的第一件事情就是减少宾夕法尼亚意外保险公司的资本和余款，把 160 万美元减少到 50 万美元。这样他就能把余下的钱用来归还贷款。

"你如何偿还那 50 万美元的差额呢？"

到这时，斯通已经很顺利地将 160 万美元的贷款转化成只有 50 万美元的债务，他以其他的投资作为偿还解决了这点问题。当天下午，这笔交易就顺利达成了。

借用他人资金要注意周期

1928 年上半年，一位银行家同顾客谈话时说："市场不能永远保持上升，我正在出售我的股票。"（这就是说，这位银行家预测到经济萧条时期将要到来，所以采取了行动）美国有些最聪敏的投资者，今年还拥有财富，到了来年股票市场急剧下跌的时候，便成了穷光蛋。因为他们缺乏周期的知识，或者他们虽有周期的知识，却未能像那位银行家那样立即行动起来。那时，各行各业，包括搞农业的人，由于他们的财富是通过银行的信贷而获得的，所以都失去了自己的财富。当他们的担保品的价值上升时，他们就借更多的钱，买更多的担保品、耕地或别的资产；而当他们的担保品的市场价值下跌、银行家被迫向他们收回贷款时，他们就无力偿还信贷，以致破产。周期是定期循环的，所以在 1970 年的上半年，数以千计的人再度失去了他们的财富。因为他们未能及时出售他们的部分担保品，还清他们的信贷；或者因为他们没有自行限制，还在购进新的担保品，负上新债。当你借用他人资金时，你一定要计划好怎样才能向借款给你的个人或机构还清贷款。重要的是，如果你已丧失了你的部分财富或全部财富，仍要记住：周期是循环的。要毫不犹豫地在适当的时候重新奋起。今天的许多富人也是曾经丧失过财富的人。但是，由于他们没有丧失积极的心态，他们有勇气从教训中获得教益，所以，他们终于获得了更大的财富。

●拿破仑·希尔成功信条

◎你的行动要合乎最高的道德标准：诚实、正直和守信，这是借用他人资金的前提条件，你要把这些道德标准应用到你的各项事业中去。缺乏信用是个人、团体或国家逐渐失去成功的诸因素中的一个重要因素，必须按期偿还全部借款和利息，不诚实的人是不能够得到信任的。

◎每年 6 镑，就每天来说，不过是一个微小的数额。就这个微小的数额来说，它每天都可以在不知不觉的花费中被浪费掉。一个有信用的人，可以自行担保，把它不断地积累到 100 镑，并真正当作 100 镑来使用。

◎在所有渴望见到你成功的人中，银行家就是其中之一。银行家是你的朋友，他可以帮助你。如果银行家很内行，你就要倾听他的忠告。

巨富是如何产生的？正是使用他人的资金和一项成功的计划，再加上积极的心态、主动精神、勇气和通情达理等成功原则而实现的。

◎重复地提供一种服务或者生产、出售一种产品，把节省下来的每一元钱都再投资到商业中去，使得一元钱能发挥许多元钱的作用，从每一个工作小时中取得最大的效果，这就是致富之路。

●拿破仑·希尔成功金钥匙

拿破仑·希尔在很多年前提出的借用他人资金来发展自己的理论，不光在当时，就是在现在也是振聋发聩的，具有相当大的影响力，并且被事实证明了无数次。贷款在今天已经成为一种非常流行的融资方式，只是今天的国人还不大习惯，也暂时没有能力找到一位银行家来持续关注自己的发展。但是这并不妨碍人们管理自己的财富，并且从中获得利润。正如许多经济学家所提倡的那样，也许你手头拮据，也许你有一定资金但是还不够用，那么不要把自己弄到无路可退的地步，学着制订良好的计划，然后找别人借钱吧！这可能是你解决眼前困难、迅速致富最方便的方式了。

让自己对工作满意起来

■垫脚石理论

在一个学习班里，师生们正在讨论一个人应当如何把他的热情倾注到工作中去。这时一位年轻的妇女举起手对老师说：

"我是一个家庭妇女。你的话也许很适用于一个做生意的人，但是对于一个家庭主妇来说却没有益处。你们男人在外面每天都很新鲜，都有有趣的新任务要做。但是家务劳动就无法相比了，做家务劳动单调乏味，令人厌烦。"

许多人都在做这种单调乏味的工作，于是老师就想办法来帮助这位妇女。他问她，什么活儿是属于她所说的那种单调乏味的呢？

"我刚刚铺好床，床就马上被弄乱了；刚刚洗好碗碟，碗碟就马上被用脏了；刚刚擦净了地板，地板就马上被弄得泥污一片。我刚刚把这些事做好，这些事马上就会被人弄得像是未曾做过一样。这真是让人生气的事情。"她回答说。

"的确,这很扫兴。那么,有没有喜欢这类家务劳动的妇女呢?"老师问到。

"应该是有的。"妇女回答说。

"既然有的话,那么是什么让她们在家务劳动中感到有趣、保持热情呢?"老师又问。

少妇思考了片刻回答道:"也许在于她们的态度。她们似乎并不认为她们的工作是禁锢,而看见了超越日常工作的什么东西。"

答案就在这里!

老师进一步说明说:"工作之所以让人满意是因为它能超越日常的东西。无论你做什么工作,如果你把面前的琐事都看成是有利于你前进的垫脚石的话,你就会找到让你满意的东西了。"

随后老师问这位妇女,她的家庭理想是什么样的。妇女回答说,她想和全家一起周游世界。于是老师说:"就以这个作为你的目标。当你的孩子12岁时,要实现这个目标。"他说,"为了这个目标的实现,你现在的铺床、洗碗、做饭和擦地板都是垫脚石了。"

几个月之后,这个少妇又来到了培训班。当她一走进门,老师们就明显地看出她为自己的成功而感到自豪。她告诉他们:"这种垫脚石理论实在是太让人吃惊了,这想法产生的作用多大啊!我没有发现任何一样琐事不适合这个想法!我把我的洗涤时间作为思考和计划时间。购物时间是扩大我视野的最好时间;我有选择性地购买进口食品,它们将是我们在旅游中要吃的。我还把吃饭的时间利用起来:如果我们要吃中国的鸡蛋面条,我就阅读我所能找到的关于中国和中国人民的读物;在吃饭的时候,我再把这些知识告诉家人。"

"我想,有了垫脚石理论,我的家务事再不会像以前那样令人厌烦了!"

这证明,不论工作如何单调乏味、令人厌烦,如果你能看到在这个工作结束后就是你所向往的目标,那么这个工作就能给你带来满足。

■阿森姆的故事

阿森姆是夏威夷王族的后裔，他在一个大公司设在夏威夷的办事处里谋得了一个销售经理的职位。阿森姆很喜欢自己的工作，他对这份工作非常了解，掌握的技能也相当熟练而全面。但是他同样也会遇到这样或那样的困难。

为了解决困难，阿森姆采取的方式是阅读各种励志、自助的书籍。这些书告诉了他三个很重要的原则：

1．使用警句进行自我激励以控制自己的心态。

2．确立目标比没有目标使你更易于达到成功。如果你具有积极的心态，你把你的目标定得愈高，你的成就也将愈大。

3．在任何事情上要想取得成功，都有必要懂得那些事情的发展规律，并了解如何应用这种规律；还有必要定期从事建设性的思考、研究、学习和计划。

阿森姆追随着这些原则做事。他研究他的公司的销售手册，并且实践他在实际销售中所学到的经验。他确定了一个高目标，并且力争达到。每天早晨他都对着镜子里的自己说："我觉得健康！我觉得愉快！我觉得大有作为！"这个措施的确产生了很好的效果，他的心情非常愉快，而他的销售成果也颇为可观。

当阿森姆确信他对销售工作很熟练的时候，他就把一群售货员召集到自己的身边，把他所学到的经验教给他们。于是，每天早晨阿森姆小组都聚会一次，热情地同声背诵："我觉得健康！我觉得愉快！我觉得大有作为！"然后他们一起笑，互相拍背，祝贺一天的好运气，然后各人干各自的活，去完成他们当天的销售目标。他们每人都定了很高的让同行们非常吃惊的目标，但是每到周末，销售员们递交上来的销售报告总是使得公司的总经理和销售经理都乐得合不拢嘴。

■青年销售员的故事

有一个青年销售员，在有了一些销售经验之后，他给自己定了一个特殊的目标——获奖。要想获得这一荣誉，他至少要在一周内做成100笔交易。

五天很快过去了，他已经成功地销售了80次。这个年轻人很坚决地相信，什么都无法阻止他实现目标。他的同事们在周五都结束了当周的工作，但是这个年轻人却在周六又开始加班了。直到下午 3 点他还没有能够做成一笔买卖。这时他深呼吸了一下，然后对自己说："我觉得健康！我觉得愉快！我觉得大有作为！"愉快的心情重新回到了他的身体里。随后的两个小时内他完成了三笔交易，这下距离他的目标就只有 17 次了。

年轻人毫不气馁，他不断用那些快乐的言辞激励着自己，从黄昏到夜晚。直到晚上 11 点钟时，他才拖着疲倦的身子走回家里，但他却是满载而归的：他已经完成了 20 次交易！他实现了他的目标，赢得了奖品，并学到了一个道理：不断的努力能把失败转变为成功。

■不满足的兰则

兰则还是个年轻人的时候，他在俄亥俄州东北坎顿城已经当了很久的电车售票员了。他越来越不喜欢他的工作，越来越觉得不满足。这种不满足并不是消极的，而是他希望更好地改进自己的工作的一种表现。他明白如果要成功必然要先有积极的心态，于是他问自己："我怎样才能对这份工作感到愉快呢？"他找到了答案：如果他的工作能够让别人感到愉快的话，那么也一定能够感染自己。天生脾气好、乐观开朗的兰则就这么做了。他的殷勤服务一下子感染了不少乘客，每天搭乘他的电车的人都感到十分愉快，他们非常喜欢他那殷勤周到的接待和愉快亲切地问好。兰则也感到心情愉悦。

但是兰则的顶头上司对他的殷勤大为不满，在要求兰则停止这种做法没有效果的情况下，这个上司居然炒了兰则的鱿鱼！现在该怎么办呢？兰则明白这一切都是自己对工作的不满足造成的，而这种不满足能够让他去争取更好的成绩。于是，不久后兰则向纽约人寿保险公司申请了工作，他做了该公司的代理人。

兰则所访问的第一个顾客就是那个无轨电车公司的经理。兰则对这位先生推心置腹，他的好个性很快感染了这位经理。当他走出这位经理的办公室时，包里已经揣着一张购买 10 万美元保险单的申请书了！最后，兰则成了纽约人寿保险公司最大的老板之一。

●拿破仑·希尔成功信条

◎无论你从事什么工作，你都要找到工作中令你满意的地方，或者不停地去追逐它。你的心态是为你所有的、完全受你控制的一种东西。满意也是一种心态。如果你能做那些"自然而来的事情"，而你对这些事情又有天然的才能或爱好，你就很易于从中找到令你满意之处。

◎当你接受一项你并不喜爱的工作时，你可能要经受心理或情绪上的挫折。然而，如果你想缓解并最终战胜这种挫折，那么你就要运用积极的心理态度去接受激励并获得经验，从而更熟练地操作你的工作。

◎你只要懂得控制你的心态，你就会有愉快和满意的心情；如果你能把幸福和热情带到你的工作中去，你就会做出少有的贡献；如果你使得你的工作饶有趣味，你就会用微笑和多产来表达你对工作的满意。把你的法宝从消极的心态那一面翻转到积极的心态那一面，这样你就能找到一些方法和方式，从而创造幸福。

◎富兰克林人寿保险公司前总经理贝克说："我敦促你们要永不满足。不满足的含义不是心灰意懒，而是上进心的不满足。我希望你们绝不要满足。这种不满足在全世界的历史中已经产生了很多真正的进步和改革。我希望你们永远迫切感到不仅需要改进和提高你们自己，而且需要改进和提高你们周围的世界。"

●拿破仑·希尔成功金钥匙

不满足是来自于人的内心的一种渴望，也是促成人们改变周围的环境，去创造更美好的生活的动力。拿破仑·希尔在这里讲到了两种情况的不满足：一种是消极的不满足，是对于现有的生活或工作环境的挑剔和抱怨；另一种则是由于渴望有更好的生活和更高的目标而产生的不满。希尔提倡的自然是后者。他用一种"垫脚石理论"阐释了满足这种"不满足"的方法。当你面对阻碍和烦心事时，首先需要做的是让自己充满信心，不断对自己说一些激励的话，就像阿森姆和他的团队那样；然后把这些拦在面前的障碍都看成是"垫脚石"，踩着它们迈向成功。只有这样，你才能从"不满足"过渡到"更高的目标"，你的目标才可能实现。

精神的维生素

■沃尔夫教练的秘诀

田径教练沃尔夫是美国卓越的教练之一。在他的指导下，有几位中学生已经打破了全国预备学校的田径记录。他是怎样训练这些新星的呢？沃尔夫有一个双重规定：他们要同时增强他们的心理和身体素质。"如果你相信你能做到什么，在大多数情况下，你就能做到。"沃尔夫继续说，"你有两种类型的能量，一种是身体上的能量，另一种是心理和精神上的能量。后者比前者要重要得多，因为在必要的时候，你能从你的下意识心理中吸取巨大的能量。"

■打破世界纪录的运动员

班尼斯特是一个打破世界纪录的运动员，他在1954年5月6日第一次打破了4分钟跑1英里的世界纪录。有些人认为4分钟跑1英里是这个项目的极限，要突破它是不可能的。但班尼斯特不仅用事实推翻了这个观念，而且还激励着其他运动员突破这一极限。在此之后4年多的时间里，他和其他的长跑运动员又先后40多次打破了这个纪录。仅1958年8月6日在爱尔兰都伯灵的一次比赛中，就有5位长跑运动员以不到4分钟的时间跑完了1英里！

班尼斯特的心脏比常人大25%，但是这并不是绝对的优势，他身体另一些部分的发育就不及常人了。于是，班尼斯特接受了教练的建议，锻炼身体的各个部分。他学到了通过爬山去训练他的心理，培养他克服困难的意志。更重要的是，他学会了将一个大目标分解成许多个小目标，然后一一完成。他推论：一个人跑一个1/4英里，比连续跑四个1/4英里要快。所以他在训练时按照4个1/4英里的极限速度来跑。他先是冲刺第一个1/4英里，然后就绕着跑道慢跑作为休息；接着他再冲刺另一个1/4英里。他的目标是以58秒钟或更少的时间跑完1/4英里，然后把这个时间乘以4，作为他跑完1英里的目标。他总是跑到极限点，而每次他都在加大训练极限。终于，他用3分59秒6的成绩打破了1英里长跑的世界纪录。

这是班尼斯特在体能上的胜利吗？不完全是。正因为他使用了更好的精神能量，才能让他有今天的成果！

■游泳运动员的"奇妙一分钟"

澳洲的汤恩小姐是一名游泳健将，她出生的时候患有贫血，但她决心成为一个游泳冠军。她加入了国家游泳队，成为了世界知名的运动员，但是她却远远没有满足。在一次混合游泳接力赛中，澳洲的队伍被英国代表队击败了。这让汤恩开始反思自己的问题所在。

"在我所承担的自由式接力赛的一段距离上，我游了60.6秒。这比我自己保持的世界纪录还要快0.6秒，但仍然没有快到足以使我们赶上并超过英国。我很想知道，我是否在那个最后的时刻献出了我所有的一切。"汤恩问自己。这时，一个很久以前就在心里的梦想重新浮现在她的脑海里——她要做世界上第一个不到60秒就游完100米的女子！她把这叫作"奇妙一分钟"。她想，如果我能使这个梦想实现，我们就可能获得胜利。

从那个时刻起，破纪录就成了汤恩内心的炽烈愿望。她把它视为未酬壮志，制订了积极的行动计划，以这奇异的一分钟作为目标。汤恩不知不觉在心理上有了巨大的力量，除去训练身体之外，现在她也在增强心理训练。她已经打破了一个又一个纪录，正在为实现她的"奇妙一分钟"而努力着。

■心理"维生素"

美国印第安那州拉法也特市美国农业研究会前主任、哲学博士斯卡赛司谈到，非洲海岸的一个村庄比内地同样部族的村庄更先进。为什么？因为比起内地的同族人，这个村庄的居民在身体上更强壮，在精力上更充沛——他们有更多的活力。这两个地方的人之间的差别是来自饮食上的一些差别——住在内地的人没有摄取足够的蛋白质，而住在海岸的人从他们所吃的鱼中获得了大量的蛋白质。

一本科学著作《气候造人》中也记载：美国政府发现，巴拿马地峡一些居民，在心理和身体的活动中过于呆滞。科学研究表明：这些居民所赖以为生的植物和动物中都缺乏维生素B。维生素B_1加到他们的食物中时，同样的人就变得更有活力和更加活泼。

●拿破仑·希尔成功信条

◎实际上，你可以从下意识心理里面获得巨大的能量，因为下意识心理就像一个电池。这种能量又能转变成身体的活力，正如同发电厂的发电机能产生大量有用的电力一样。如果我们不想能量被浪费掉，那我们就不能允许消极情绪在这里面造成"短路"。如果能量被很好地利用，那它就不仅不会被消耗掉，反而能增长许多倍。

◎就像蓄电用完机器就无法正常运转一样，当你的能量水平很低时，你的健康和你的优良性格就可能被消极的情绪所压制。怎样解决能量问题呢？给你的蓄电池充电！怎样充电呢？放松、运动、休息和睡眠！

◎当你疲劳时，也许你那些积极的、令人满意的感情、情绪、思想和行动就会倾向于转变为消极的东西——疲劳常常在你的内心形成最糟的东西。你如果希望你的发展方向会转回到积极的方面，那么你就要好好休息，保持身体的健康。当你的能量和活动水平上升到标准水平时，你就达到理想的状态了。那就是你用积极的心态思考和行动的时候！

●拿破仑·希尔成功金钥匙

已故的出版业人士莱吉尔曾经写过一篇文章，阐明了不必要的忧虑、憎恨、恐惧、狐疑和愤怒都能够浪费能量。他用一个发电厂的图画做比喻，同样是发电厂发出来的电，被应用到不同的地方产生的效果却截然相反。控制这种电流走向的究竟是什么呢？他得出这样的结论："两个人用同样的方式、同样多的能量做同样的工作，存失败之心的人得到的是失败，存成功之心的人得到的是成功。"人的精神力量往往神秘而奇妙，它可以异常巨大，远远超过人本身的生理力量。训练得当，心理的力量能够被很好地发挥出来，这时候自然能够取得更好的成绩。所以，拿破仑·希尔认为，相对于有极限的生理力量来说，精心培训自己的精神力量，对于一个人取得成功更加重要。

心怀崇高理想

■麦登为理想而写书

麦登在 7 岁的时候就成了孤儿。那时候的他，没有房子住，也没有东西吃。在后来的成长过程中，他读了和他有着相同的童年的苏格兰作家斯马尔斯的《自助》一书，并从中理解到人应该具有崇高的信念。从此，他周围的世界从一片黑暗变得美好而值得珍惜起来。

1893 年的经济大恐慌之前的经济繁荣时期，麦登开办了 4 家旅馆。但是他委托人管理这 4 家旅馆，自己则把主要精力都投入到写书当中。他要写一本能激励美国青年的书，正如同过去激励了他的《自助》一样。

正当他勤奋地写作时，命运令人啼笑皆非地捉弄了他，也考验了他的勇气。

正在麦登向着这本叫作《向前线挺进》的励志书的高峰攀登的时候，1893 年的经济大恐慌爆发了。对美元贬值、破产、股票价格下跌、工作不稳定等的恐惧都是造成大恐慌的原因。这些恐惧致使股票市场崩盘，567 家银行和信托公司以及 156 家铁路公司破产。失业影响了数以百万计的人们，而干旱和炎热又使得农作物歉收。麦登也未能幸免，他的两家旅馆在一场大火中被烧得精光，而正在写作的即将完成的手稿也因此付之一炬。这场恐慌让麦登几乎一穷二白。

麦登看着周围的人们，他们在物质和心灵上都坍塌成为一片废墟。麦登觉得有必要来激励他的国家和人民。有人建议他自己来管理剩下的两家旅馆，但是麦登拒绝了。他还有更重要的事情要做，一种崇高的信念占据了他的身心。

麦登把这种崇高的信念同积极的心态结合在了一起。他原来的座右铭是："要把每一时刻都当作重大的时刻，因为谁也说不准何时命运会检验你的品德，把你置于一个更重要的地方去！"但他新的座右铭是一句自我激励的警语："每个时机都是重大的时机。"

麦登又开始继续这本未完成的书。他在一个马厩里工作，只靠 1.5 美元来维持每周的生活。他日以继夜不停地工作，终于在 1893 年完成了初版的《向前线挺进》。这本书立即受到了热烈的欢迎。它被公立学校作为教科书和补充读本，在商店的职工中广泛传播，被著名的教育家、政治家以及牧师、商人和销售经理推荐为激励人们采取积极心态之最有力的读物。它以 25 种不同的文字同时印行，销售量高达数百万册。

麦登和我们一样，相信人的品质是取得成功和保持成功的基石，并认为达到了真正完满无缺的品质本身就是成功。他指出了成功的秘密，但是他反对追逐金钱和过分贪婪。他指出有比谋生重要千倍的东西，那就是追求崇高的生活理想。

■一位失去孩子的母亲

这位母亲遇到了人世间最悲伤的事情：她失去了唯一的孩子——一个美丽而活泼的，给每一位有幸认识她的人都带来了笑容和鼓舞的 14 岁的女孩。

这位母亲曾经无比悲伤："她是在我和丈夫最深厚的爱情中受孕的，也是以挚爱培育起来的，她是我们的整个未来和一切希望。死神从我们手中夺去了这唯一的孩子，我们的损失无法估量。本来光明的前景变得暗淡了，因为我们的生命之灯已经熄灭。我们的生活变得空乏无味，所有甜蜜的东西都变得苦涩了。"为了排遣内心的悲伤，她和丈夫卖掉了房子，开始到处去旅行。可是当美丽的风光消失之后，他们又不得不重新面对严峻的现实，他们发现自己还是无法忘记那些痛苦的记忆。这时候他们才慢慢转回来，认识到损失其实并非他们独有。

"我们寻找过安慰，但毫无所获，因为我们的动机是以自我为中心的。花费了几个月的时间，我们才开始接受这个事实。我们的欢乐、健康和安全都是全能之神带来的祝福，这些无限仁爱中的每一种都弥足珍贵！"她说。

"由于上天把我丈夫的爱给了我，由于我尚能衣食无忧，由于我的朋友和我都身体健康，由于我周围一切美好的东西，我要向上天表示感激。现在，我要努力使我自己沿着正确的方向前进。上天虽然夺去了我最亲爱的孩子，但它给了我仁慈作为补偿。现在我很愿意参与一些社会工作，我相信这是一个机会，使我为他人做一些小贡献，以纪念我可爱的女儿。"

今天，这位失去女儿的母亲正和美国千千万万的妇女在一起，正在努力使这个世界成为值得生活的更美好的世界。"现在，我最热烈的愿望就是：所有受到丧失亲人之苦的人们能在帮助他人中找到慰藉和宁静。"

■穿越障碍，奔向崇高的理想

许多年前，在芝加哥大学里，有几个学生去听一位教授关于心理学的演说。他们认为那是老生常谈，所以都带有一种嘲弄的态度。但其中有一位叫作赖因的学生却被教授的严肃精神所感动了。

许多年后，这位赖因自己也成了一名博士。他回忆起当时听到的演讲时说："按说有些东西，我作为一个学生，早就应当知道了。但我直到听了他的演讲以后，才开始认识到其中的一些东西。我所受的教育忽视了许多重要的东西，例如求知的方法。"

他对寻找一种新的求知方法产生了兴趣，他产生了一个强烈的愿望：学习真理，学习运用人的心理力量。他本来可以留在大学里当一个老师，教授知识，但是正是这强烈的愿望让他成为一个研究者。有人告诫他说这会使他失去名誉和优厚的待遇；朋友和同事也都嘲笑他，并且力图阻挠他。一位身为科学家的朋友告诉他："你要是发现了什么，就留着自己用吧！没有人会相信你的！"赖因面对着外界的压力和资金的匮乏，甚至他唯一的脑电图扫描器也是用从废物堆中拾来的一个医院抛弃的机器残骸装配起来的。但他丝毫不觉得气馁。他用 45 年的时间跟轻视、嘲笑、不公正的评价进行了不屈不挠的斗争。

今天，你在各大学校里，依然可以看到像赖因那样的人，他们为了探索真理，为了崇高的理想，在努力穿越重重障碍！

■罪人的捐赠

在美国有一个有钱人，在这里不太适合公开他的名字，因为他在财富积累的过程中名声并不是那么好。所以，他的名字就成了一个秘密。有一天，一个美国儿童俱乐部的代表敲响了他办公室的门，这位代表的目的是要他以很少的赠予帮助美国儿童俱乐部。这个俱乐部的唯一目的就是对孩子们进行品德教育。

"滚出去!"没想到他异常懊恼地拒绝了,"我病了,讨厌人们向我要钱!"

这位代表不再多说,扭头就走。可刚刚走到门口,他又停住脚步,转过身来,以一种和蔼的目光望着书桌后的富翁,说道:"你不想为这些贫困的人分担疾苦,但是我愿意同你分享我拥有的一部分东西——一句祷文:愿上帝祝福你。"说完他迅速转过身,匆匆离去。

过了几天,让人意想不到的事情发生了。说过"滚出去!"的那个人怀里揣着一张50万美元的支票,来到了儿童俱乐部办公室。"我赠送这50万美元有一个条件:绝不要让任何人知道我做了这件事。"

"这是为什么呢?"办公人员都不理解。

"我不希望孩子们知道我的名字,因为我不是一个好人,而是一个罪人。"

很长时间过去了,现在仍然只有那位儿童俱乐部的代表和一切赠予者中最伟大的那位才知道他的名字。但亲爱的读者,你们要明白一点:他捐助钱财是为了避免孩子们做出他所做过的错事。

你可能没有钱,但如果你像那位儿童俱乐部的代表一样,同别人分享你所拥有的一部分东西,那么你也能像他一样,成为伟大事业中的一部分。

■欧文的故事

欧文·鲁道夫一生都在帮助受伤害的邻里儿童。他这样做是为了感激一个儿童俱乐部对他的拯救和培养。

欧文·鲁道夫儿时相当悲惨,他和一群困苦的孩子终日颠沛流离,为生存而奔波。一天,这个街区一个废弃的教堂里开办了一个儿童俱乐部。"在我们这一群孩子当中,只有我和我的兄弟经常出入这个俱乐部,"欧文说道,"因为其他人都在坐牢。但如果不是由于芝加哥儿童俱乐部林肯分部的工作,我们也会坐牢的。"欧文感激儿童俱乐部为他们兄弟俩所做的工作,所以他终生都在帮助住在那杂乱的巷子里的孩子们。

由于他的热心和努力,芝加哥各个儿童俱乐部都收到了大量的捐款。许多有影响的人都被他吸引到这项事业中来了。"我觉得我的工作仅仅是象征性地表示了我对上帝的感激,他使我们兄弟俩受到了教育。"欧文又说,"且请参观一下一个儿童俱乐部,那儿做的工作多好啊!孩子们有了他们所需要的东西，这些东西也正是我过去所需要的。"

现在，有成千上万的男男女女在牺牲他们的时间和金钱，帮助美国的童子军，以实践他们的崇高信念。

■富翁的表率

有这样一些富翁：

1. 亨利·福特（Henry Ford）
2. 威廉·里格莱（Willian Wrigley）
3. 亨利·多尔蒂（Henry L.Doherty）
4. 约翰·洛克菲勒（John D.Rockefeller）
5. 托马斯·阿尔瓦·爱迪生（Thomas Alva Edison）
6. 爱德华·菲伦（Edward A.Filene）
7. 朱利叶斯·罗森瓦尔德（Julius Rosenwald）
8. 爱德华·包克（Edward J.Bok）
9. 安德鲁·卡内基（Andrew Carnegie）

他们建立了一些总计 10 亿美元以上基金的基金会，每年拨出大量金额专用于慈善、宗教和教育。这些基金会为上述事业捐助的金额每年超过了 2 亿美元，其中又以安德鲁·卡内基为最甚。安德鲁·卡内基直到 83 岁逝世时，仍在勤奋地工作。在此期间，他一直慷慨地与人们分享他那巨大的财富。这位伟大的钢铁大王、哲学家和慈善家说："人生中任何有价值的东西，都值得为它而劳动。"这句话警醒了不少世人。他给后世留下了巨大的物质和精神财富。任何人都应该学会和应用安德鲁·卡内基的人生准则。通常一个人总是能够在他有生之年把他的一部分有形财富同他所挚爱的人分享，或者他可以在他的遗嘱中这样做。但是，如果每个人都能像安德鲁·卡内基那样，在去世时留给后代能带来健康和财富的哲学或技能，这个世界就会更好。

●拿破仑·希尔成功信条

◎看不见和摸不着的东西，往往是你最贵重的财产和最伟大的力量。

没有人能拿走它们。你，只有你，才能分配它们。你分给别人的东西愈多，你拥有的东西也会愈多。

◎全国——实际上全世界都会受到一个能够拿出他自己的一部分东西去帮助他人的人的崇高信念的影响。

◎金钱好吗？许多具有消极心理的人常说："金钱是万恶之源。"但是《圣经》说："爱财是万恶之源。"这两句话虽然只有一词之差，却有很大的差别。在我们的社会中，金钱是交换的手段，是力量。金钱虽可以用于坏事，但它也可以用于好事，用于帮助更多的人。

◎帮助别人就是一个崇高的信念。这个信念将给你带来巨大的幸福，你将得到真挚的友谊。

◎那些为了金钱而牺牲了家庭、荣誉、健康的人，一生都是失败者，不管他们可以敛聚多少钱财。麦登教导说："一个人是不是一个成功者，并不是看他是不是总统或百万富翁。"

◎你并非是要得到报酬、补偿或赞美才给予他人帮助或送给他人东西，那么尤其重要的是你要对你的善行保密。如果你这样做了，你就能使一种有普遍规律的力量发挥出来——你做了好事而力图避免回报，无论你是谁，你都能怀有崇高的信念，祝福和回报反而会大量降临于你。那么每个人都能以他自己的一部分力量帮助别人。

●拿破仑·希尔成功金钥匙

金钱当然是好东西，但是金钱需要得到正确的使用；能力对人也非常重要，但是能力也需要有良好的思想来控制。同样地，生命和热情需要有一种精神来支撑，有了这种精神，生命才更加有意义。那么，是什么为这一切带来了良好的动力呢？拿破仑·希尔认为那就是崇高的信念。崇高的信念能够让失去女儿的母亲重新站起来，将自己的爱贡献给更多的人；崇高的信念会让一个犯过错的人改过自新，让一个曾经穷苦的人只为振奋他人的斗志而远离金钱。崇高促使人们实现他们的美德——也许这种美德在金钱和物质下曾经被遮盖过。所以，拿破仑·希尔认为，有了崇高的信念，才能算完全具备了开启财富之门的钥匙，因为你将不仅仅拥有物质上的金钱，而且你将拥有精神上的宝贵财富！

积极心态吸引财富

■奥斯卡的遗憾

奥斯卡是麻省理工学院的毕业生。他发明了一种新的探测石油的仪器，那是由旧式探矿杖、电流计、磁力计、示波器、电子管和其他仪器结合而成的。他在气温高达43℃的西部沙漠地区已经待了好几个月，为一个东方的公司勘探石油。但是不幸的消息传来——他所在的公司因为无力偿还债务已经倒闭了。奥斯卡的任务不得不提前结束，并且在他回去之后是痛苦的失业在等待着他，前途黯淡不已。

1929年下半年的一天，他在中南部的俄克拉荷马州首府俄克拉荷马城的火车站上，等候搭乘火车往东边去。由于他必须在火车站等待几小时，他就决定在那儿架起他的探矿仪器用以消磨时间。仪器上的读数表明车站地下蕴藏有石油，但奥斯卡不相信这一切，他在盛怒中踢毁了那些仪器。"这里不可能有那么多石油！这里不可能有那么多石油！"他十分反感地反复叫着。

最后的结果是什么呢？奥斯卡把自己的仪器毁了，他也不再有光明的前途，但是临走时仪器反映出来的结果却是正确的。不久之后，人们就发现俄克拉荷马城地下埋有石油，甚至可以毫不夸张地说，这座城就浮在石油上！奥斯卡和财富只隔了一条铁轨的距离，他丢下了一个全国最富饶的石油矿藏地。

■迈出第一步是聚集财富的开始

63岁的老太婆飞利浦夫人有一个惊人之举，她从纽约市步行到了佛罗里达州的迈阿密市。当她最后到达时，一些记者访问了她。他们想知道，这种长途跋涉是否曾经让她退步不前，她是如何鼓起勇气完成这如此漫长的徒步旅行的。

"走一步路是不需要鼓起勇气的。"飞利浦夫人答道，"我所做的一切就是这样。我只是走了一步，接着再走一步；然后再一步，再一步，我就到了这里。"

是的，你必须迈出第一步，然后一步一步走下去。否则，不论你花多长时间思考和学习，都是不会有收益的。

■斯德菲克如何赚取广告费

斯德菲克是一个头脑精明的美国退役军人。当他退役的时候身上已经是一穷二白，除了有大量的时间以供思考之外，他已经不再拥有其他的东西。但是就是这种大量的思考帮助他获得了吸引财富的机会。

斯德菲克注意到洗衣店里的事情：许多洗衣店为了避免洗好的衬衣出现折皱，保持衬衣的硬度，都把刚熨好的衬衣折叠在一块硬纸板上。他通过各种渠道得知这种衬衣纸板每千张要花费4美元。他于是有了一个主意：以每千张1美元的价格出售这些纸板，并在每张纸板上登上一则广告。登广告的人当然要付广告费，这样他就可从中得到一笔收入。

斯德菲克立刻开始实践自己的想法。尽管在广告领域他还是一个新手，遇上了不少问题，但很快成功就开始光顾他了。他的衬衣纸板的广告卖得不错。于是，他开始进一步探讨自己的生意。他发现顾客一旦把衬衣从纸板上撤除之后，他们都不会再保留衬衣纸板了。"怎样才能使许多家庭保留这种登有广告的衬衣纸板呢？"他很快想出了解决的方法。他在衬衣纸板的一面继续印一则黑白或彩色广告；在另一面，他增加了一些新的东西——一个有趣的儿童游戏、一个供主妇用的家用食谱，或者一个引人入胜的字谜。这样大家都愿意保留这些纸板，广告的效率得到了提高，斯德菲克的生意也越做越大。这些纸板的受欢迎程度可以用这样一个故事表明：一位先生抱怨他的一张洗衣店的清单突然莫名其妙地不见了。后来，他发现他的妻子把它连同一些衬衣都送到洗衣店去了，这些衬衣他本来还可以再穿穿。他的妻子这样做仅仅是为了多得一些斯德菲克的菜谱！

但是斯德菲克仍然没有停止不前。他把他从各洗染店所得到的出售衬衣纸板的收入全部送给了美国洗染学会，该学会则以建议每个成员只购买乔治·斯德菲克的衬衣纸板作为回报。这样，乔治就有了另一个重要的发现：你给别人好的或称心的东西愈多，你所获得的东西也就愈多！现在，精心安排的一段思考时间给乔治·斯德菲克带来了可观的财富。

■关于房子的梦想

以前有一个经济学家访问了一对夫妇，这对夫妇住在墨西哥城，有一套比较小和旧的房子。他们最大的梦想就是在这个城市的拉丁区里买上一套好一点的房子，能够看到这个城市最美丽的风景。

"你们为什么还没有买呢?"经济学家问道。

"因为我们支付不起昂贵的房价。"这对夫妇笑了。

"如果你们已经知道自己想要什么，那么你们就应该马上行动，积极一点。"经济学家奉劝道。他甚至举出了自己的例子，几年前他以自己的条件——首次付款为 1500 美元的分期付款——购买了一所价值 3 万美元的新房子以及怎样如期付清了房款。于是，这对夫妇下了决心。

就在这次谈话发生的 8 个月后，经济学家接到了这对夫妇打来的电话，他们竟然真的在拉丁区买了一所新房子。

"就在你拜访我们之后不久，我们开车送几个朋友回家。当我们用汽车送他们通过这人造的拉丁区天堂时，我们看见了梦想的房子——甚至还有我妻子所渴望的游泳池。"男的说，"我最后决定买下它。虽然这个房产的价值超过 50 万比索，而我的存款只有 5000 比索，但我们住在拉丁区新居的费用比住在旧居的费用还要少些。"

"你们怎么做到的?"经济学家问。

"我们买了两套房间，它们在财产上相当于一所房子。我们将其中的一套租了出去，那套房间的租金足以偿付整个房产的分期付款。"

这是个很普通的故事——一个家庭买了两套房间，租一套，自住另一套。这个故事不普通之处在于，一个没有经验的人只要弄懂并应用某些成功原则，他就能成功地得到他所想要的东西。这就是所谓"用积极的心态吸引财富"。

●拿破仑·希尔成功信条

◎要想成功地吸引财富，就要划出一段时间专用于思考，这是十分必要的。思考是人类建设其他事物的基础。不要以为你是在浪费时间；在十分宁静的情况下，当你抽出一部分时间从事思考时，你才能想出最好的主意。

◎积极的心态能吸引财富，但消极的心态只能适得其反。如果你想要寻找到财富，那么只要你抱着积极的心态，你就会不断地努力。现在你可以从积极的心态出发，向前迈出你的第一步。即使当你距离你的目的地只不过一步之遥时，你也可能受到消极心态的影响，停下来了。

◎你的一天有1440分钟。如果我们养成一个习惯：将这个时间的1%——仅仅14分钟——用于学习、思考和计划，你就会惊奇地发现。无论任何时候、任何地方——洗涤碗碟时、骑自行车时或洗澡时你都能做到。

◎你的心态，由你的思想和你说的有关你自己的话所决定。如果你有值得追求的目标，不要去找出为什么你不能达到这个目标的几百个理由，你只需一个理由就行了——找出为什么你能达到这个目标的一个理由。你想获得你所想要的东西，还要做到，一旦看准了目标就立即行动，并且要"多走些路"。

●拿破仑·希尔成功金钥匙

希尔先生在这里再一次强调了心态的作用，而且是积极的心态对于吸引财富的作用。我们总是抱怨自己没有足够好的条件或者机会去获得财富，但是我们不妨静下心来好好想一想：在获得财富之前，我们是不是给了自己一段时间，去思考获得财富的方法呢？我们是不是深呼吸了一下，然后调整了我们去争取、去拼搏的心态呢？有了良好的心态才能够保持足够的清醒，才能随时随地注意到财富的降临而去把握住它。要不然像奥斯卡那样放着满地的石油视而不见，过后会让你捶胸顿足、懊悔不已。

你能够引来幸福吗

■一棵圣诞树

美国中南部俄克拉荷马城大学宗教系一位教授的妻子叫作克莱尔·琼斯，她是一个作家。在结婚后的头两年中，他们住在一个小城市里，邻居是一对上了年纪的夫妇：妻子几乎瞎了，并且瘫在轮椅中；丈夫本人身体也不很好，他整天待在房子里，照料着妻子。

在圣诞节的前几天，克莱尔情不自禁地和丈夫一起准备装饰一棵圣诞树，送给这两位可怜的老人。他们买了一棵小树，将它装饰好，带上一些小礼物，在圣诞前夜敲开了老夫妇的家门。老妇人感激地注视着圣诞树上耀眼的小灯，感动地哭了。她丈夫一再说："我们已经有许多年没有欣赏圣诞树了。"

后来，每次克莱尔拜访他们时，他们都要提到那棵圣诞树。这只是教授夫妇为两位老人做的一点小事，但是，他们都从这点小事中得到了幸福。这种幸福是一种十分深厚而温暖的感情，它将一直留在他们的记忆中。

■喜欢弹钢琴的女儿

一位律师抱怨说，他有五个非常优秀的孩子，但是他和妻子的生活并不愉快，因为他们最大的女儿——一个大学一年级的学生——不能按照他们所规定的方式生活。

"她是一个好女儿，但是我无法理解她。"父亲说，"她不喜欢干家务，只喜欢辛辛苦苦地花几个小时去弹钢琴。夏天我给她在百货公司找到一份工作，但她不想去做。她只想整天弹钢琴！"

在调查中，专家发现，其实这个姑娘有雄心、有能力和自己的特点，这些都大大超过了她的父母，致使他们很难理解她对他们的反应。"总有一天她要结婚的，那时她就要理家。她应当更实际些。"父母这样推论说，他们认为学会弹钢琴是件好事，任一个女孩子做家务和在商店里劳动也是很有必要的，想成为钢琴家的努力只是浪费时间。

专家把姑娘的才能和爱好向她的父母作了解释，并说明了他们为什么不能理解女儿的原因。专家也向姑娘说明了为什么她父母用一种方式思考，而她自己用另一种方式思考。当他们三人致力于相互了解并用积极的心态去解决这个问题时，他们便得以和睦地相处在一起了。

■家庭幸福在于互相包容

"我要离家出走！"在一个学习班上，一个青年这样说。他聪明好学，很有进取心，所以他的话让大家很吃惊。

"你有什么困扰吗？"老师于是问他。

"是的，关于我的母亲。"他回答老师说，他和他母亲的关系是不和谐的。而其问题的关键似乎是：母亲的进取心和好强的性格和儿子的性格相似。

老师于是转向所有的学生说："一个人的性格就好比磁铁，当两种同名极磁力在一条线上、向同一个方向推或拖时，它们就互相合作；当两种同名极磁力相互抵触时，它们就互相抵抗和排斥。"然后他对那个学生说："你的行为和你母亲的行为似乎是十分相似的，那么，你怎样对待她，她也将怎样对待你。你也许能通过分析你自己的感情来判断你母亲的感情。因此，你能够轻易地解决你的问题！你需要做的是：当你母亲要你去做什么事时，你就愉快地去做；当她提出一个意见时，你就以令人愉快的、诚恳的态度说出自己的意见，或什么话也不说，完全同意她的意见；当你企图找她的岔子时，你就压下火气找出好话来说。这样效果应该不错。"

"这会起作用吗？"青年将信将疑。

"这可能不会起什么作用，但你可以试试用积极的心态去做。"教师答道。

一周之后，教师问这个青年情况如何了。他的答复是："我很高兴，在这一周中，我们之间没有说过一句令人不愉快的话。我已经决定留在家里了。"

当父母不了解自己孩子的时候，他们有一种倾向：喜欢用他们自己的反应来判断别人的反应。这个结论，对那些像那位曾同母亲不和的青年人一样的人说来，有时可能是正确的。但是许多父母同他们的孩子有矛盾，常是由于他们未能认识到孩子的性格和他们的性格不同。错误在于这些父母没有认识到时间既改变了孩子，也改变了他们自己，因而他们没有去调整自己的心态，以适应孩子和他们本身的变化。

■忘我拼搏的恰瑞

每个见到恰瑞的人，都会对他的极端不幸同情不已。他出生时脊柱拱起，呈怪异的驼峰状，而且他的左腿是弯曲的。医生望着这个男婴十分丧气，可是他的父亲却相当确信地说："他一定会好起来的。"

恰瑞的家境其实很穷，在他不满一岁的时候母亲就撒手人寰。当他长大之后，因为身体的畸形，别的孩子都躲得远远的，使他无法融入孩子们的活动中。

但是上天并没有忽视这个儿童。为了补偿他身体的畸形，他被赐予了非凡的敏锐和聪慧。恰瑞5岁时能作拉丁语动词变位；7岁时学习了希腊语，并懂得了一些希伯来语；8岁时就精通代数和几何。在大学里，恰瑞的每门功课都胜人一筹。

恰瑞期待着光荣的毕业，他甚至用储蓄下来的钱租了一套礼服，准备参加毕业典礼的盛会。但是世俗的眼光和消极的心态往往会左右人们的思维，校方居然在布告栏里贴了一个通告，免除恰瑞参加毕业典礼。

恰瑞非常伤心，但这件事也促使恰瑞不再努力使人们因为他的学习能力而尊敬他，而是去努力培养同人们的友谊，促进人类的善良。

为了实现他的理想，他来到了美国。在美国，恰瑞四处寻找工作。由于其貌不扬，他屡屡碰壁，但他终于在通用电气公司谋到了一个工作——当绘图员，周薪 12 美元。他除去完成规定的工作外，还花费很多时间研究电气。

他努力培养和同事之间的友谊。恰瑞工作努力，成绩显著。他一生获得了 200 多种电气发明的专利权，写了许多关于电气理论和工程的书籍和论文。他懂得做好了工作便会得到满意，也懂得做出了贡献，使得这个世界成为值得生活的更好的世界，也会得到满意。他积累财富，买了一所房子，并让他所认识的一对青年夫妇和他同享这所房子。这样，查理过上了幸福的生活。

■大企业家的困扰

有一个大企业家相当不愉快。"没有人喜欢我！甚至我的孩子们也恨我！这是为什么呢？"他问道。实际上，这个人心地很善良。他给了孩子们金钱所能买到的一切东西，为他们创造了安逸的生活。但是，他阻止孩子们取得某些必需品——这些东西曾经迫使他在孩提时代获得力量，从而发展为一个成功的人。他力图使孩子们远离生活中那些对他来说不美的东西。他否定了孩子们奋斗的必要性，使他们不再像他过去那样必须进行奋斗。当他的儿女还是孩子的时候，他从未要求或盼望他们尊重他，而他也从未得到过尊重。然而他确信，孩子们了解他，并不需要努力去要求他们。

事情本来会与此迥然不同的，如果他真的教育了孩子们要尊重人，并且至少部分地依靠艰苦奋斗、依靠自己的力量安排自己的生活。他给了孩子们幸福，却没有教育他们使别人幸福，使自己更幸福。如果在他们成长的时候，他就信任他们，并且告诉他们，为了他们，自己曾历尽坎坷，也许他们早就更加了解他了。

■书信能带来幸福

分离的人，如果常有书信往来，反而会觉得更加亲密。有许多分居两地的人之所以举行了婚礼，就是由于在分别之后，他们的爱情通过书信反而变得更深厚的缘故。通过书信往来，双方可以加深理解。每个人都能在信件中表达思想。表达爱情的信件不必也不应当因结婚而中止。

塞缪尔·克莱门斯（笔名马克·吐温）每天都给他的妻子写情书，甚至当他们都在家的时候，亦复如此。因此，他们在一起过着真正的幸福生活。

你要写信，就必须思考，把你的思想提炼在纸上。你可以借助回忆过去、分析现在和展望将来发展你的想象力。你越是常写信，你就越对写信感兴趣。当对方回信的时候，他就成了作者，你就可以体验到收信人的欢乐。如果你的信是经过周详考虑写下的，它就能使收信人的理智和情绪沿着你所指引的路径前进。你写信时最好采用提问的方式，这样，易使收信人给你回信。收信人读你的信时，信中鼓舞人的思想被记录在他的下意识心理中，将不可磨灭地深印在他的记忆里。

●拿破仑·希尔成功信条

◎如果想要幸福来到你的身边，那么你就要努力地把幸福先送给别人。只有拥有积极心态的人，才会获得幸福。这样，幸福就会被吸引到他们的身边。那些态度消极的人，不会吸引幸福，只会排斥幸福。

◎你分享给别人的东西越多，你获得的东西就越多。你把幸福分给别人，你的幸福就会更多。但是，如果你把苦难和不幸分摊给别人，你得到的就只能是苦难和不幸。

◎世界上有一个叫"幸福谷"的地方，全世界最富裕的人都住在那里。他们富有历久不衰的人生理想，富有他们所不能失去的东西，这些东西能给他们提供满足、健康、心情的宁静和内心的谐和。

◎家庭中许多不幸，正是因为孩子们不了解他们的双亲、不尊重他们的双亲所造成的。但这是谁的过失呢？是孩子的，还是父母的？或者是双方的？

●拿破仑·希尔成功金钥匙

你可能是幸福的、满足的，也可能是不幸福的，因为你有权利选择其中的任何一种。决定的因素是你受积极的还是消极的心态的影响。拿破仑·希尔在这里列举了各种幸福和不幸福的事例，涉及到事业、友谊、爱情和家庭。他说，凡是能够以一种正确的、积极的心态去和别人分享幸福的人，最终也将收获这一宝贵的财富，而人真正的幸福感也正存在于这种对幸福的分享当中。

第三篇

成功人生实战

第一章

几大因素影响成功

人生需要推销

■名人的推销术

许多著名的人物都是因为学会了推销自己，善于利用文字和语言的力量，才取得了成功。以下就是一些例子：

在美国独立战争期间，帕丘克·亨利发表了"不自由，毋宁死"的演说，在民众中引起巨大反响而名垂千古。

在民主党一次集会上，默默无闻的威廉·布莱恩作了《金十字架》的演讲，这才摇身变成全美国著名的人物。

本杰明·富兰克林也有效地运用了自己简单而独特的文字推销术，让大众印象深刻，才得以名扬天下。

罗伯特·英格素阿运用自己强有力的语言力量，改变了宗教信仰的趋势。

托纳斯·佩因这位作家，在美国独立战争期间，通过手中的笔创作了大量激昂的文字，促使很多人超越了自我。

耶稣在他从容赴死的 2000 年之后，仍然影响着这个世界。对于这样的精神，你能说他不是一个出色的推销艺术家？他推销的思想获得了世界的认同，这就是他的动机！

不断取得推销的成功通常依赖于正确的动机！如果你希望自己能成为出色的推销员，这一点一定要牢牢记在心中。推销可不是要你冷酷无情、蛇蝎心肠，它绝不是杀人的剑，而是让人能够接受你的艺术！

■对症下药——推销基本原理

一天，某知名汽车企业的主管梅尔先生给许多培训班打去电话，他希望获得一些培训的课程清单。因为他们公司需要做一个学期的培训，所以需要参考一下这些培训班，看看哪个班的课程安排得最好。

许多培训班仅仅是将自己的一些文件送给了梅尔先生，这些文件其实一点用处也没有，因为实在太多了，梅尔先生反而没有时间去仔细阅读。

只有推销员亨利所在的公司给梅尔先生打了电话，他们仔细询问了梅尔先生的要求，然后说明这些课程表其实并不能够反映出这个培训班的实力。所以他们将针对梅尔先生的公司迅速制订一个合理的培训方案；梅尔先生可以先看看这个方案，如果可以的话，那么再进行下一步的计划。

梅尔很高兴地同意了这个建议。不久，方案就送到了梅尔先生的手上，并且随之而来的还有一位培训班的负责人，他介绍了这个培训班的相关情况，说得头头是道，让梅尔先生心动不已。

在没有其他培训班成员参与进来的情况下，出于最了解这个培训班的内容，梅尔把30万美金的培训费全部交给了这家培训班，并且签订了长期的合作协议。

■狡黠的厨师

纽约一家餐馆的厨师最近推出了一道新菜，于是就派人送给著名作家马克·吐温尝尝鲜。一个星期之后，厨师就去问马克·吐温："菜的味道怎么样？"马克·吐温礼节性地回答说："很好。"

第二天，厨师便在自己的餐厅外面打出宣传语说："这道菜是马克·吐温赞扬过的。"

过了一段时间，厨师推出了另外一道菜，又派人送给马克·吐温。隔了一段时间，又去问马克·吐温味道怎么样。马克·吐温为避免再被利用，于是搪塞道："我没有尝出味道来。"

第二天，厨师在自己的餐厅外面打出宣传语说："这道菜让马克·吐温囫囵吞枣，连味道都来不及尝！"

狡猾的厨师又出了第三道菜，还是如法炮制。马克·吐温索性不回答。

第二天，厨师又在自己的餐厅外面打出宣传语说："名作家吃过之后无语的菜！"

等到第四道菜推出的时候，马克·吐温再也忍不住了，当场就把菜泼了出去。厨师却不放过这样一个宣传自己的机会，他说："你想尝尝让名作家都无法忍受的菜的味道吗？"

■推销的定义

对于推销术，琼·贝尔特兰德下了五个定义：

1. 它是一种能力，使对方了解你的自信、产品、建议；在实施推销时，令对方渴望获得某种特权、机会或产生兴趣。

2. 它是一种能力——推销员像专业人士或公众人物那样，为人们提供服务、支持，进而使他人产生支付报酬的愿望；让对方记住你，并且尊敬你。

3. 它是一种能力，让你在完成工作任务之后，老板能够称赞你，并且给你升职和加工资！

4. 它是一种能力，让你能够表现得彬彬有礼、友好、令人愉快且体贴入微，能得到他人的认可、爱护与尊敬。

5. 推销是写作、设计、绘画、发明、创造等能力的组合，它还包括任何其他能使他人尊敬自己的能力。

●拿破仑·希尔成功信条

◎出色的推销员是位哲学家、性格分析专家、思想者和"财富预言家"，他对于谈判成竹在胸，能诠释因果关系；他能引导对方的思想，他了解人就像爱因斯坦了解高等数学一般；他能利用由经验形成的"直觉"，通过对方的表情、话语、沉默甚至仅仅是对方的存在，洞悉对方心中的一切；他能通过观察过去发生的事物，进而预言未来。总之，就像福克在第一次世界大战中指挥联军一般运筹帷幄。

◎如果一个人不具备吸引他人与自己合作的能力，那么学校教育、学历学位、能力才干都毫无用处。只有合作才能为人们创造机会。如果一个人在生活中获得了较高的地位，那是因为他后天获得或生来就具备了成为推销员的本领。

◎学校教育、学历学位、能力才干是为了在机会到来之后，将它利用到极致。但这首先需要我们通过合作创造出机会。

◎销售能够在心中培养一种说服他人对自己表现友好的能力。对于一个人的一生来说，推销自己也是相当重要的，它是人生的一门艺术。

◎面对准客户前，如能充分收集和仔细分析客户资料，无须客户"感动"，签单也十拿九稳。

●拿破仑·希尔成功金钥匙

中国有句俗话叫作"酒香不怕巷子深"，然而随着时代的发展，这句话如今也已经变成了"酒香也怕巷子深"。任何东西，包括人本身，如果不进行包装和推销，即便你的商品再好，即便你能够提供再优质的服务，始终也不会得到市场的认可。在拿破仑·希尔写作这套推销术的时候，其实他已经注意到了人生当中关于推销的问题。他把人生的推销术比做一门艺术，人生的其他一切可能都是从自我推销开始的。这就不仅仅是一种商业上的包装方法，而且成为一种现代社会的处世哲学。

推销讲究出色的策略

■推销艺术家的图画

不久前，一位出色的推销员向唐纳先生推销他的人寿保险。这种保险被人称为"当今销售市场中一种抽象的、最难以为人所了解的事物"，因为你无法看见、闻到、尝到或者摸到它，无法一下子就明白它的好处。你只有死了才能从中获利。而且，这些利益其实不过是被别人所有。

只有真正的高手才能成为成功的人寿保险业务员!

这位推销员就是一个真正的高手,他甚至是这方面的专家。他所掌握的动机最迅速且最有效,能够诱导人寿保险的潜在客户。他正确分析着每一个客户,做好了一切的准备,使自己能够对最适合每个人或每件事的相关动机进行归纳。

他在唐纳先生眼前展开了一幅看不见的画布,准备开始"作画"了。推销员用语言作为画笔和颜料,将20年后的景象在唐纳先生眼里勾画出来——那时候唐纳先生早已经驼背银发、儿孙绕膝;唐纳先生的太太变成了一位依赖性极强的老太太。推销员看到唐纳在听到"依赖"一词后脸部表情发生了变化,仿佛是琴弦突然被拨动了。但这幅画现在还没有完成,他又开始展示出唐纳死后的事情——冰冷的身躯躺在那里一动不动!当推销员说到"死后"这个词的时候,唐纳先生感觉到一股寒意从脚底到了后脑勺。推销员的恐惧战略取得了决定性的胜利。在唐纳的棺材旁边的妻子,那是个多么无助、多么渴望能够有所依靠的老太太!他知道唐纳爱这个女人,他明白唐纳希望她的未来有依有靠。这时,恐惧战略已经转变成对爱的动机的使用了。

只有一位艺术家才能画出这么凄美动人的画。它是那么真实,至今仍令唐纳先生无法忘怀。

那天晚上,唐纳失眠了。他躺在床上,心里想着这样的画面。那真是个可怕的夜晚,因为这幅画一直折磨着唐纳的心。他辗转反侧,为如何才能逃离这恐惧而担忧。在睡梦中,唐纳先生的潜意识也起到了作用。就这样,通过在他的心中种植恐惧的种子,推销员与唐纳先生的内心建立了友好的同盟关系。

一桩生意就这样做成了。

■哈勃博士的妙招

哈勃博士曾经是芝加哥大学的校长,在他任职期间,校园里面有一个规划——建造一栋新建筑,预算大约是100万美元。可是校董们拉来的全部赞助加起来也不够,而哈勃博士也不可能从学校的年度预算中得到援助。哈勃博士很清楚地了解当时的形势:只有寻求外部渠道的帮助,才能获得这100万美元。这必须要哈勃博士自己出马。

是死乞白赖地强求富人们捐助，还是寻求其他的渠道获得捐助？这些都不是哈勃博士考虑的范围。他经过一番深思熟虑，决定通过"推销"的方式获得全部资金。不仅如此，他还把推销的任务全包了下来。

哈勃博士有一个除了出色的推销员之外所有人都自叹不如的地方，他的第一步行动，是为自己制订一套详细的计划。如果计划不周详，一切都有可能出错。这个计划是如此巧妙，以至于整个过程只牵涉到两位潜在的捐助人。这个计划从整体上看极具战略性，它非常灵活，而且极具诱惑力，能产生震撼效果。哈勃博士希望依靠这个计划，从两个潜在目标中找到一个自己想要捐助的。

他究竟做了什么呢？

哈勃博士的目标，是芝加哥当地两位势同水火的百万富翁。一位是芝加哥市内电车集团的首脑，另一位则通过"剥削"市内电车业和其他行业，积攒了大量的财富。虽然这两人都是很容易就会想到的对象，但是只有优秀的推销艺术家才能从他们身上获得成功。为什么许多人进行推销时成绩往往不太如意？因为他们在选择潜在客户时，没能客观正确地进行判断。而这一点恰恰是哈勃博士的长处。

哈勃博士在脑中仔细盘算了自己的计划，又进行了几次"预演"。之后就开始了实际行动。

■哈勃博士和富翁的对话

某天中午，哈勃博士来到了电车大亨 A 的办公室，这个时间的选择是非常合适的。根据经验，他认定这个时间内大亨的秘书外出就餐，这样大亨就应该独自在办公室。事实昊然如此，外面的办公室空无一人，于是他就径直走入了里面的私人办公室。这个突然闯入者让大亨感到莫名其妙，问道："先生，我能为你做些什么？"

"非常抱歉，如此冒昧地打扰您。"哈勃博士说，"我是哈勃博士，芝加哥大学的校长。我看外面的办公室里没人，所以就自己走进来了。"

"噢，没关系！"大亨一脸诧异地说，"您请坐，哈勃博士，非常荣幸您能来我的办公室。"

"谢谢，可是我的时间非常紧张，所以我就不坐了。无事不登三宝殿，我有些想法，特别过来想跟您谈一下，如果您不介意的话。"

哈勃博士停顿了一下，然后说："首先，请允许我表达一下我的钦佩之情，您为芝加哥市民带来了如此完美的市内电车交通系统。这样的交通系统让人相信它是全美国最好的。可是，我最近想到，尽管您的贡献是如此巨大，但是当您身故之后，人们就会自然而然地忘记是谁创造了这样一个杰出的系统（看，出色的推销员又把话题转移到了自己的动机上）。

"所以，我有一个帮您建造纪念碑的计划，想看看您是否想永久矗立于芝加哥人民的心中。不过，我遇到了一些困难，在这里我并不想谈论它们。（欲擒故纵法能使这个想法更加吸引人。）我们的大学里将要建立一座美丽的花岗岩建筑，我曾强烈要求我们学校将它的命名权留给您，但校委会中的一些成员希望把这一荣誉留给另一位值得尊敬的 B 先生。作为我来说，当然是更偏重您这边。因此我顺道过来，看一看您是否有更合适的计划，使我能够为您争取这一千载难逢的好机会。"

"这件事简直棒极了！"A 先生几乎从座位上弹了起来，然后慌忙说，"哈勃博士您请坐，我们详细地谈一下吧！"

"对不起，我还赶时间。"哈勃博士故意推辞说，"校委会过一小时要开会，我必须赶回去。如果您有什么能为自己争取利益的依据，请尽可能早地给我电话，我将为您全力以赴争取这个机会。午安，先生。"

说罢他转身走出了办公室。当他回到自己的办公室时，市内电车大亨 A 先生已经连续追了好几个电话过来，并再三叮嘱，一定要哈勃博士一回来就给他打电话。

乐于助人的哈勃博士给 A 先生回了电话。A 要求亲自参加学校校委会的会议，并在会上与大家共商此事。哈勃博士则委婉地表示，这一举动其实并不那么讨好，因为校委会委员中有些人已经清楚地表明了对大亨的不同意见所以，哈勃博士必须以"更为外交"的手段在其中"斡旋"。（此举更加强化了诱惑力。）

哈勃博士说："如果您明天早晨再给我打电话，我一定会告诉您好消息。"

第二天早上，当哈勃博士走进办公室时，他看到市内电车大亨已经坐在椅子上等他了。他们一起详谈了半个小时。谈话的内容究竟如何也许永远不会为公众所知，但真正有趣的事情是，市内电车大亨变成了一个推销员，而哈勃博士则成了"客户"，"被说服"接受一张百万美元的支票，并承诺尽自己所能让校委会成员接受它！

支票当然被接受了！

■对哈勃博士方法的分析

哈勃博士没有使用任何高压方法。他之所以使整个事件的发展能够在自己的掌握之中，完全是依靠了动机的力量。毫无疑问，这个计划让他花了很多天的时间作准备。在所有的动机当中，哈勃选择了最富有吸引力的两个：对权力与名誉的渴望；报复心理。

当哈勃举出大亨的对手的例子时，这让市内电车大亨立即意识到，通过这样一件公众义举，即便是在自己死后，或自己的电车系统不再是这个城市的主流时，他仍然可以名垂青史。在哈勃博士的提醒下，他同时也知道，如果能把这个名扬千古的特权从自己痛恨已久的宿敌手中抢过来的话，将是给予对手重重一击的好机会。

设想一下，如果哈勃博士不是一位出色的推销员，也不了解动机心理学，那么会是怎样一个结果呢？他一定会露出马脚。如果他给大亨写封信，请大亨安排一个约会，那必然使对方对此保持警惕：他即将对我有所求。除了出色的推销员以外，恐怕任何人都会这样做，就是强行闯入大亨的办公室，请求他提供百万美元以"帮助学校走出困境"。

哈勃博士和大亨之间的对话也许会变成这样：

"早上好，先生。我是哈勃博士，芝加哥大学的校长。我今天来希望能占用您几分钟的时间。（首先请求对方付出，而不是自己付出！从一开始就未能压制住潜在客户的思想。）您的市内电车系统使您名利双收，而这与公众对您的支持是分不开的。我们学校打算在校园中建一座纪念碑，需要一笔资金。因为您如此的成功，我想您也许愿意为此项工程投资。现在正是个好机会，您可以通过回馈社会表达您对公众的谢意，并塑造您的成功形象。"

你可以想象一下当时的场景：大亨坐在自己的老板椅上，皱着眉头，翻着桌上的一堆文件，心中却酝酿着如何拒绝他。博士刚一说完自己的打算，大亨就立刻说道：

"非常抱歉，哈勃博士，我们在公益慈善事业上的投资早已超支了。您应该了解，每年我们都向社会福利基金捐助一大笔钱，今年我们已是无能为力了。此外，100万美元实在是个巨大的数目。我敢肯定，董事会绝不会同意拿出这么一大笔捐助款项。"他用"董事会"来封博士的口。

关键在"慈善捐助"这一点上！你看，求人给予"慈善捐助"，哈勃先生拙劣的开场白当然会使自己处在不利的位置上。"慈善捐助"不是那种能够引发人们行动的动机，只有把可怜巴巴的"慈善捐助"换成与特权、名望和尊敬相关的话语，意义才完全不同。

出色的推销员使用语言做画笔，画布则是潜在客户自身的想象力。首先，推销员会粗粗勾勒出一个轮廓，然后用思想作为实际的填充颜料。他要画的是动机和主题，这是一个推销员的主要任务。出色的推销艺术家在潜在客户的想象力中作画，不只画出骨架和轮廓，还会适当地加入内容，这样，潜在客户"看到"的才是一幅令他感觉快乐的图画。动机是决定这幅画好坏优劣的关键因素。

■几个关于策略的小例子

吉米·沃克的演技非常高超，但是他扮演的市长角色却糟糕透顶。詹姆斯·海兰也许是纽约所有规划师当中最出色的一位，但却是演技最差劲的一位。他们知名度的不同，正是由于他们演技水平不一样而导致的。

罗杰斯通过评论世界焦点新闻而名扬天下，那是因为他能使自己的评论适合听众的口味。这就不只是演技的问题了，而是推销术的最高表现形式。

亚瑟·布里斯班是美国稿酬最高的专栏作家，他的年收入超过了150万美元。他之所以能够从自己的专栏中获得财富，是因为他具有一项本领——使人们关注或希望关注的事物戏剧化，并使每日的新闻更具可读性。

正是利用了自己出色的演技，罗杰·玛伯森才得以从毫无意趣的统计表与单调的数字中获得大量的财富。他使得数字开口说话——以表格、图形和适当的注解的方式。他的成功基本上来自于他的演绎能力。

卡尔文·柯立芝性情淡漠，也许他是所有白宫主人中最不独特的一位了。

他看起来非常冷淡，缄默而不说话。西奥多·罗斯福则充满了活力和热情，他还懂得如何让别人感受到自己的魅力，他常常跟别人谈起"诺坦普顿市长"事件。他在其中表现出色，大家对此也印象深刻，因为他了解如何使生活中的小事和平凡事戏剧化，使之变得突出并吸引人们的注意力。优秀的个性通常会为人们所记得。

■推销就是一场"秀"

出色的推销员进行的推销，其实就像一场令人兴趣盎然的演出，潜在客户能够从中感到愉快。使潜在客户的态度由消极转变成积极，这对于具有出色演技的推销员来说简直是小菜一碟。要改变对方的心理态度，不是靠偶然或者幸运，而是需要有仔细推敲之后的计划。出色的推销员能"控制"潜在客户的思想，无论他开始推销时对方的思想状态如何，都必须产生理想的效果，否则就不能使推销进入高潮，然后完成这笔交易。

这天，办公室里来了一位推销员。当时，他的潜在客户正与太太在电话中激烈地争吵。客户愤怒地将电话挂上之后转向推销员咆哮道："你他妈的进我的房间到底想干什么？"这种情况简直是最糟糕的了，但是这位推销员并没有泄气。他的脸上还是挂着和蔼的笑容，然后他斯文地说："我正打算组建一个丈夫们的自卫俱乐部。"

接下来，他不失时机地说自己也有一个"那样的太太"，之后他和他的客户用了10分钟时间谈论女人。再后来，推销员顺势将话题引向了自己的产品，然后他兜里揣着1万美元的支票走出了办公室。这位推销员了解表演的价值，得以把不幸的情形转换成对自己有利的条件。这就是演技与推销术的完美结合。如果丝毫不运用演技，面临这样的事，推销员就必败无疑。

■厨具的推销法

威廉·伯纳特是一个推销铝制厨房用品的能手，在5年的时间里他把销售量增加到了500万美元。他的诀窍在哪里？那就是：指导自己的推销员组织家庭主妇俱乐部，然后向她们推销铝制厨房用品。

在这个计划当中比较有意思的一点是，伯纳特常常组织俱乐部的家庭主妇们在某个会员的家里举行午餐会，所有的花费都由俱乐部支出。他让那些心灵手巧的推销员为家庭主妇们烹饪，而厨具自然就是需要卖出的产品。午餐会之后，伯纳特则想办法把这些厨具以 25 ～ 75 美元的价格全部销售出去。这是伯纳特销售计划中的一个策略。作为一位出色的推销员，威廉·伯纳特在 5 年之内，使自己从一个挨家挨户上门推销的小贩变成了身价数百万的大富豪。

要记住的一个事实是，他的推销员们推销的是整套的厨房用具，而非零散的锅碗瓢盆。同样，他们不进行单独销售——在午餐会圆满结束之后，他们要进行团队推销。主人家的那位女士往往是第一个下订单的人，而其他人则会紧随其后。

●拿破仑·希尔成功信条

◎利用人的五官感觉，推销员利用推销术可以出色地在潜在客户的脑海中绘出一系列图像，而且十分巧妙。这些图像清晰、明确，非常现实，与动机紧密相结合，它们能打动潜在客户，让其产生购买的欲望。

◎推销也需要演技。推销员是一个很好的演员。高明的演员能把生活中的平凡之事演绎得极具戏剧性而离奇，并赋予其令人感兴趣的特点。出色的演技需要足够的场景，以供大家辨认事物、人物及环境。只有这样，故事才能得到完美的演绎。高超的演技并不是出色推销术中最重要的部分，但它是所有行业都会用到的重要因素。

◎让人做自己不爱做的事情，是文明社会最大的一个悲剧。反过来说，与被指定做某事相比，选择一份自己喜爱的职业并全身心地投入进去，需要比常人更多的意志力与性格力量。选择自己喜欢的职业，这样做的理由再清楚不过了。

◎人们在自己喜欢的岗位上提供服务，从来都不会觉得辛苦，因为他喜欢并享受这样的工作。如果你觉得很累，那绝不会是因为工作压力过大，而是由于你对自己所做的事情缺乏兴趣。

◎高明的推销员会有效地利用热情，相反有的推销员则对热情一无所知。他只是用美妙的辞藻来讲述事实，并指望它能成为推动人们购买的理由。

但大多数人不会受到这种影响，他们只会受到感情或感觉的驱动。如果推销员自己都不能深深地投入情感，就更别指望影响他人的情感世界了。

●拿破仑·希尔成功金钥匙

这是有关方法论的问题。拿破仑·希尔所讲述的故事非常精彩，也非常生动。一个成功的推销员绝对不是靠死缠烂打而赢得客户的，尽管那可能也是一种方法；聪明的推销员往往会对自己的生意做出最好的规划，在生意开始之前就确定自己要做什么样的"秀"。他们通过各种各样巧妙的方法去赢得客户的订单，同时也赢得客户的尊重。这的确是一场表演，要求推销员有出色的演技。

哪些素质是出色的推销员需要具备的

你对人生的目标有着渴望吗？能够把自己推销出去并且获得成功，并不是那么容易的一件事情，它需要你具备一些素质。相信我，这些素质虽然是针对推销行业的从业人员而言的，但是对于其他领域那些渴望成功的人来说，这些素质同样重要。

下面让我们看看，哪些是成为出色推销员不可或缺的素质呢？

■身体及心理素质

1. 身体健康。这很重要，只有这样，心理和生理才能正常运转。良好的生活习惯、健康的饮食，还有适当进行体育锻炼、经常呼吸新鲜空气都能对你身体的健康起到很好的帮助作用。

2. 勇气。勇气是每个成功跨越障碍的人都具备的品质。每一次尝试的过程总会遇到很多困难，会有很多沮丧和气馁的时候。面对这些时，勇气就显得尤为重要。

3. 想象力。想象力对于成功的推销员来说不可缺少。每一次推销之前，推销员都必须预见到有可能发生的情况，甚至自己会遭到潜在客户的拒绝，那理由可能是什么？丰富的想象力是必须具备的，这使自己能够设身处地地站在对方的立场进行思考。这些都需要非同一般的想象力。

4．注意自己的语音语调。在和潜在客户沟通的时候，你说话的声音必须悦耳动听。不要语调太高，这样显得很张扬，容易激怒对方；但是也不要吞吞吐吐的，否则会让对方觉得无法理解。过于柔和的语气会使对方认为你软弱无能，而坚定自信的声音会为你的话语增色不少。口齿清楚，吐字清晰，会表明你是个有热情、有闯劲、有进取心的人。

5．努力工作的干劲。再没有别的办法像努力工作这样，能使销售经验和能力转化为金钱了。健康的身体、勇气、想象力在懒汉面前毫无价值。一个推销员在工作中付出了多少努力和才智，他就能够获得多少相应的财富。许多人与成功擦肩而过，最重要的原因就是他们并未付出足够的努力。

■高超的职业素养

1．对自己将要推销的商品滚瓜烂熟。最出色的推销员会详细地介绍自己手中的商品或提供的服务，他们对它的每一个优点都了如指掌。这是很简单的道理，如果连自己都不能了解并相信这些优点的话，那么潜在客户有谁愿意接受这样的推销呢？谁又会掏钱去购买呢？

2．相信自己的商品和服务。最出色的推销员绝不会销售任何自己心存疑惑的商品，他绝对相信自己的商品和服务。因为他了解，就算自己能够夸夸其谈，从内心发出的那种不自信，也会通过自己的言行举止传达给潜在客户。

3．专业的眼光。有时候客户会需要你对几种商品或服务进行分析，帮助自己进行选择。最出色的推销员一定不会放过这样的机会，为客户提供最适宜的商品。他绝不会向一个应当购买福特汽车的人推荐劳斯莱斯，即使这个潜在客户绝对有购买更昂贵汽车的实力。他了解，如果眼光不够毒辣和准确的话，那么自己的信誉将会被严重地损害。

4．用稳定的价值观和客户保持长久的关系。出色的推销员说一是一，说一不二，他从来不会夸大自己的商品，因为这样做并没有好处。长久的信任与友爱关系的价值远比只有一次销售所得的利润要大得多。

■对自己客户的掌握能力

1．了解自己的潜在客户。出色的推销员擅长性格分析，他可以弄清楚潜在客户会出于哪几种目的而需要这样的商品或者服务，他往往就会把推销的方式建立在这样的动机之上。如果潜在客户不具有这些购买动机，他也可以设法在客户的心中建立起有助于推销的种种想法。

2．认清你的客户是什么样的。出色的推销员绝不轻率地实施自己的推销计划，除非他已经正确地"认定"自己的潜在客户。为了让推销更易成功，他会首先收集如下一些必要的信息——

(1) 潜在客户的经济实力；

(2) 他需要购买哪些商品或服务；

(3) 他购买的目的。

3．对潜在客户思想的控制力。出色的推销员明白，只有在控制了潜在客户的思想或自己的想法被对方接受之后，推销才会获得成功。因为他知道，除非他能叩开潜在客户的心扉，使之能接受自己的推销方法，否则推销就不能完成。而对这一点缺乏认识，也正是许多推销员失败的原因之所在。

4．出色的推销员总是能轻松地驾驭推销过程。他就像一个演技高超的艺术家一样，能轻松地达到推销的目的并成功地结束这一过程。他从不直截了当地问："你需要买我的东西吗？"相反，他假设对方已经做好购买的准备，因此在推销中他一直彬彬有礼、举止得体，有时还会推迟结束推销，直到他认为自己可以成功结束它为止。在全部过程中，他能敏锐地察觉出对方的心理活动，适时适地结束自己的推销。他会提出最具效率的方案，一举击中目标。他所要做的就是让潜在客户决定购买他推销的商品。

■与推销商品的组成及推销员的个人规划有关的必备素质

1．良好的个性。出色的推销员一般也是温文尔雅的人，他懂得如何使别人对自己满意。因为他明白，实际上潜在客户很大程度上都是看人来的，对不同的推销员，客户购买商品的可能性也就不同。除非推销员的言行让消费者感到满意，否则，他会什么都推销不出去。

2．出众的演技。出色的推销员同时也是一个出色的演员！他具有通过生动的演绎引发潜在客户兴趣的能力。

3．自我控制。出色的推销员需要能够很好地自我控制。控制了自己，自然就能更好地控制客户。

4．主动。出色的推销员了解主动的价值，并会适当利用它。他从不需要别人告诉他该做什么、不该做什么。他利用自己敏锐的想象力制订计划，并主动将之付诸实践。

5．宽容。出色的推销员具有开明的思想和宽容的态度，对任何事情都是如此。因为他知道，这种态度对事业的成功实在太重要了。

6．实事求是。出色的推销员愿意努力去搜集有助于思考的事实材料，并善于思考。当问题摆在自己面前时，他从不猜测。他基于自己所了解的事实来解决问题，所遵循的规则一直如此。

7．坚持。出色的推销员从来不说"不"，也不会受到"不"的影响，他的字典里没有"不可能"。对他来说，所有事情都能成功。"不"字对出色的推销员来说，只不过是激励他认真推销的动力。他明白，所有的客户都会采用简单的拒绝托词——"不"。而他绝不会轻易受到推销被拒的负面影响。

8．信心。出色的推销员对以下这些事物具有"强烈的信任"：

(1) 自己所推销的商品或服务；

(2) 自己；

(3) 潜在客户；

(4) 成功地结束推销的能力。

9．观察。出色的推销员会近距离观察一切情况，对潜在客户说话时的每一个面部表情和每一个动作，他都可以正确地掂量出其中的意义。出色的推销员还能推断出哪些是潜在客户没说或没做的。他们的眼睛不会放过任何蛛丝马迹！

■一些额外的因素帮助你更好地完成任务

1. 提供超值服务。出色的推销员总是会为潜在客户提供超值的服务，甚至比预期的更好，这样，实际上他也能够获得比预期更多的回报和利润。

2. 以失败为成功之母。毫无用处的经验是出色的推销员所不需要的。他能从自己所犯的全部错误中获益，并通过观察其他人的错误警示自己。他可以从每次错误和失败中找到获得等值的成功的因素。

3. 集体智慧。出色的推销员都善于运用"集体智慧"的力量，从而使自己的能力增值，并获得成功。

4. 明确目标。出色的推销员心中通常有一个明确的目标，或者是需要完成的定额。"能卖多少算多少"从来就不是他想要的。他不仅仅会制订一个明确的销售定额，他还会确定一个明确的时间底线。

以上都是出色的推销员所不可或缺的素质，但是什么才是最重要的呢？那就是下面第 5 条：

5. 激情。出色的推销员的激情往往用之不竭。他知道自己的激情将深刻地影响到潜在客户，他表现出来的任何一点情绪波动都会被潜在客户发现，并感染客户，从而更方便地做成交易。

■三种引人关注的诉求

反应可以由生理化学刺激物引发，科学家们称之为纯粹的物理现象。温度、气氛、身体感觉舒适与否，还有食物的味道，都会带来一些特定的反应。

不过，我们在这里需要讨论一下能够引起舒适反应的诉求，它们基本上可以分成下面三种：

1. 本能诉求；

2. 情感诉求；

3. 理由诉求。

本能诉求能够引发人购买食物、服装、住宅等，这些主要属于第一类，当然，不排除它们中有一些属于后面两类的可能性。

人们总是喜欢去追求这个世界上美好的东西，它们的美大多可以引发人们的反应，这就是情感诉求的类别。爱情、婚姻、宗教都属于情感诉求。大多数商品和服务的销售也是经由情感诉求完成的。教育、书籍、艺术、人寿保险、广告、化妆品、奢侈品、玩具以及许多类似物品的销售也都是通过情感诉求完成的。

投资、储蓄、机器设备、科学工作的交易则通常是通过理由诉求完成的。

■推销员个性与习惯中的主要弱点

1. 拖拖拉拉浪费了很多的时间和机会。

2. 对贫穷、批评、疾病、失恋、衰老和死亡的恐惧以及害怕被自己的潜在客户拒绝，阻碍了他们获得成功。

3. 以电话联系的方式过于漫长，而当面直接推销的方式太少，可是这两者之间在效果上的差异居然还有很多人都不是很清楚。

4. 企图提高销售经理的责任感。销售经理不会和推销员一起去推销，他没有那么多的时间和精力。最终得到订单的推销员希望在成功地结束推销之前，潜在客户一直都能听从自己的安排。出色的推销员会在不断摸索中使自己的希望成真。这也是他们成为"出色的推销员"的最主要的原因之一。

5. 一旦失败，习惯于为自己找借口。解释其实毫无意义，行动才是解决一切问题的根本方法。永远别忘记这一条。

6. 花过多的时间犹豫不决地流连于酒店大堂，不敢上去找自己的潜在客户。酒店大堂的确是个休息的好地方，但如果一位推销员花过多的时间流连于其中，收到解聘书就是迟早的事。

7. "不幸事故"可能成为某种理由，让推销员能够以此为借口而不努力去推销货物。比如"经济大萧条"，现在每个人都在谈论这个，但是千万别让采购者用"经济大萧条"来改变你自己的想法。

8. 沉溺于"夜生活"而不能自拔。晚会的确令人兴奋，但不能让它们对第二天的工作产生影响。

9. 守株待兔。知更鸟总是比较精明，它们绝不会等着有人帮自己从地里把虫子挖出来。做人至少要像知更鸟一样聪明，这样，订单就不会再从我们手上溜走了。

10. 听到"不"就灰心丧气。这个词对出色的推销员来说，只是一场战斗即将开始的信号。如果每个购物者都说"好"，那么推销员就该失业了，因为有没有他们都没什么区别。

11. 害怕竞争。

12. 在小事上花费太多的时间。

13. 阅读证券市场报告。傻子才会上它的当。当然，如果你真能从证券市场中大赚一笔的话，自然会令你的上司对你刮目相看。

14. 一味地悲观。习惯等待成功从天而降的人只会自食其果。人生中获得快乐的方法非常奇怪。只要你不悲观，通常你就会得到自己期待的东西。

●拿破仑·希尔成功信条

◎出色的推销员总是具有许多很好的素质，推销员的杰出并非一日之功。

◎如果你在自己的领域做得还不够突出的话，不妨想想你在什么素质上缺失了或者你又触犯了哪条人们最容易犯的错误。如此这般，你一定能够摆脱过去，走向成功！

◎通过对三万多名推销员的仔细分析，我发现近98%的人有如下的不足之处：(1)不明动机，无法让别人产生购买的冲动；(2)持续推销一样商品的能力不行，而在推销达到高潮时结束它的能力也很差；(3)错误地选定自己的潜在客户；(4)不能控制潜在客户的思想；(5)缺乏想象力；(6)缺乏热情。

◎杰出的推销员依照九大动机审视自己的销售技巧，让自己在说话的时候尽量多地包含基本动机。销售介绍中包含的动机越多，就越容易打动对方。这是他非常清楚的一点。

◎只有使自己的销售具备合理动机，推销员才能说服客户掏钱购买自己的产品。出色的推销员会着重向客户介绍产品的实用性。

◎出色的推销员绝不会使用高压手段，主要是因为这类手段往往不具备购买的合理动机。更准确的说法是，使用这种高压手段的推销员不具备合理动机，自己无法向潜在客户证明，他(她)为何要购买自己的产品或服务。

● 拿破仑·希尔成功金钥匙

作为一个推销员来说，一些最基本却又最重要的职业素质是不可缺少的；对于那些希望获得人生的成功、希望把自己推销出去的人来说是同样的道理。所以拿破仑·希尔认为，一个推销员所具备的素质，其实就可以看作是一个在成功道路上打拼的人最终得以登上胜者宝座的根本原因。将这些素质一条条地列举出来，是具有很重要的指导意义的；也只有像拿破仑·希尔这样对成功学有深厚研究的人才能够总结出如此精辟的理论来。拿破仑·希尔一口气列举了27条必须具备的素质，同时他又举出了若干一般推销员常见的弱点。两相比较，如何选择、如何发展一目了然。在这套推销术当中，这样的列举还有很多。这种总结是拿破仑·希尔先生用四分之一个世纪归纳出来的成功秘籍，是不可多得的精神财富。具体有哪些重点和难点不再赘述，这里需要说明的是，将这一小节反复地阅读，直到这些条目都能够烂熟于心，你自然就能够获益匪浅。

成功来自于聪明合理的规划

■规划让他们大红大紫

不要小看人生规划的力量，对于人生完美的规划有助于你在以后人生中的表现，对你的成功非常重要。

亚瑟·布里斯班原来只是一个很普通的撰稿人，在报纸行业中籍籍无名，也没有多少能够超越专业同行的真本事。直到他为自己做出很好的规划，让传媒大亨威廉·赫斯特将他的文章登在自己所有报章的头版上，亚瑟才随之成为报业当中的风云人物。也许你可以举出100个人的名字，他们的实力都在布里斯班之上，但是他们却没有这样的规划和目标，所以他们会逐渐消失。人们再也听不到其中的名字，因为他们没有为自己做出正确的规划。

威尔·罗杰斯是个不为人知的小杂技演员，他常常跟着杂技团在各个城市里搭台表演——爬爬高杆，丢丢绳索。一天，他被著名的规划人齐菲尔格看中，进行了合理的规划。齐菲尔格不仅使罗杰斯一举成名，更为他开辟了通往演艺圈和其他赚钱行当的道路，让其获利达数百万美元。在齐菲尔格为他规划人生之前，只要能在获得俱乐部或其他地方表演的机会并得到免费午餐，罗杰斯就已经非常高兴了。埃迪·坎托只靠朗诵他人的诗句，每周就能得到 1 万美金的薪水，不错吧！齐菲尔格还为苗条的芬尼·布瑞丝开辟了富裕之路。如果没有正确而明智的人生规划，这些幸运儿中的任何一人都不会有机会得到巨额的财富。

埃德加·伯根和查理锡两个人当年刚到百老汇闯天下时，只能饥一顿饱一顿地过日子。有一次，著名的节目主持人鲁迪·瓦利看上了他俩，让他们上了自己的节目，于是一切都发生了改变。鲁迪·瓦利给他们作了一个规划，要把他们这个组合培养成最著名的电台明星。很短的时间里他们就鹤立鸡群，但是他们自己却不再有更好的规划，结果现在他们常常会发现自己"无事可做"。

甜美可人的小姑娘凯特·旲密斯是个歌手，但是除了姣好的面容和甜美的嗓音之外，可谓一无所有，直到她遇到了泰德·克林斯。在他的帮助下，她由于自己特立独行的造型每周都能得到一份报酬，更别提从拍电影等其他副业中得到的丰厚收入了。

■人人离不开规划

在百老汇跳舞的鲁道夫·瓦伦蒂诺，每场演出只能拿到几块钱。直到一位电影导演发现了他，并为他指定了一位聪明的事业规划人，他的人生才有了转机。瓦伦蒂诺成为银幕最佳情人，全美国的女性在街上等着争相目睹他的风采。

有声电影时代来临之后，几乎所有的默片明星都在一夜之间销声匿迹，这是由于他们的规划动机着重于默片之上，他们中的大部分人都没有演绎语言的本领。

■规划和宣传具有同等力量

如果宣传策略得当，即使是一条街道也可以获得完全不同的声誉，街道上的房屋也将会获得更高的租金。纽约第五大道是世界著名的繁华大道，这一名声使得该地区的房东们租房时漫天要价，并能得到令人咋舌的租金。第五大道之所以能取得这样的声誉，完全得益于规划专家对它所做的持续宣传。"第五大道联盟"仔细地制订了宣传规划，他们不欢迎城市中的"下等人"进入该区。他们认为，正是这些人降低了百老汇和第四十二大道的身价，使那里成了乞丐和流动人口的天堂。百老汇地区商店的租金收入，只不过是第五大道租金额的九牛一毛而已。

亚文·约克从前只是一个山里人，住在田纳西的一座小村庄里，他大字不识一个。世界大战期间，他痛哭流涕地反对征召制度并上了报纸，因此受到了许多人的注意。战后，一位聪明的规划专家帮助了他。如今他已是一所山村学校的拥有者，田纳西州政府向他捐赠了一条高速路，他还得到了来自全国各地实力人物的各种捐助。而这些成效，都得益于他所做的适当的宣传。

■找一个好帮手

据说，乔·戴维斯每年都会收到来自摩根银行的一笔巨款，作为他的报酬。这不仅仅是因为他告诉了该银行他们该做哪些事情，更因为他为他们指出了哪些事情不能做。他是这个银行的"持反对意见者"。精明的生意人之所以能获得成功，主要是因为他们更愿意接受残酷的现实而不是阿谀奉承。也许这就是摩根公司之所以能在金融行业立于不败之地的根本原因。

阿·史密斯原来只是一个鱼市的老板，最后他却成了白宫里的风云人物。贝尔·莫斯科维克斯夫人给了他很大的帮助——她是他办公室中的"持反对意见者"。而缺少了贝尔·莫斯科维克斯夫人这样的"持反对意见者"，著名人士布朗·德比不出几年就开始走下坡路。那些喜欢接受阿谀奉承的人应该注意不要受到这样的干扰，而那些有思想的人则更应该从这样的故事中受到启发。

■每个人都可能是出色的推销员

有一位年轻的作曲家和钢琴家去访问成功学家拿破仑·希尔。他的名声已经传遍全美，但是他依然穷困潦倒。他花了两个小时，试图说服希尔接受艺术家的"原则"：宁愿饿死阁楼，也不愿意通过商业演出拿艺术换钱。他费尽口舌给希尔讲了许多的哲理。这个年轻人有着可爱的个性、聪明的头脑和对古典音乐真诚的热爱。但希尔也感到非常遗憾——因为自己很清楚，扭曲的人生观会影响到他宏伟的目标，阻碍他成为一位公认的伟大的音乐家。他已经是一位出色的艺术家，但尚未名扬全球。除非他的身边有一群善于组织规划的专家，否则他的才华将无法尽情地显露。这个故事中具有讽刺意味的是，这位天才到希尔家中，只是为了取一套希尔答应送给他的旧衣服。天啊！这位天才宁愿接受施舍，也不愿相信专业宣传规划的作用！

　　30多年以前，芝加哥有一位年轻有为的律师，他叫保罗·哈里斯。哈里斯酝酿了一个巧妙的计划，他与近30位生意伙伴组成了"扶轮社"，大家每周聚会一次。当然，他的动机是扩大自己的交际圈，把周围的人发展成为自己的潜在客户。如今，"扶轮社"活动已经遍及全世界，并且成为一种永久性的国际力量。

　　一位作家同其经纪人一道去了企业集团服务公司一位编辑的办公室，讨论如何推销作家的一些作品。编辑告诉这位作家，文学界的每位知名作家，都是经由出色的宣传才达到事业的顶峰的。编辑还特别提到了已故的弗兰克·克兰博士，他的写作风格非常轻松，是报纸的每日专栏作家。这位著名的编辑说："克兰博士第一次到我们公司时，正在四处推销自己的作品，有一些乡村的周报买了几篇，但这根本不够他自己和家人的生活开销。"据说，弗兰克·克兰博士去世时，他每年缴纳的所得税已高达75000美元。这些收入全部来自同样风格轻松的专栏，但是它们经过了一位专家的规划。

■心理方法造就出色的人生推销

　　20世纪初的几十年里，全球爆发过一次经济大萧条。在大萧条的第一年年底，威廉姆斯发现，自己几乎失去了所有的财产。

　　靠出版而致富的威廉姆斯发现，人们不再喜欢读书了，他们只关心自己如何能填饱肚子。于是他不得已把事务所从纽约搬到了华盛顿，打算节约一些成本，在那里待到金融风暴结束。

　　但是经济萧条非但没有结束，反而日趋恶化。看来威廉姆斯已经无力等到萧条结束了，他必须重新走上讲台，为那些同样受到伤害的人提供有价值的服务。

于是他决定在华盛顿从头再来。他必须先把自己宣传出去，那么就需要在报纸上打广告。那时在报纸上登一条广告大概需要 2000 美元，而他根本没有那么多钱，也不可能像平时那样从银行里得到那么多的贷款。每个人都可能面临这样的困境。这个时候，需要他的三寸不烂之舌发挥作用，以获得他需要的广告费。

威廉姆斯找到了《华盛顿星报》的广告部经理内罗依·哈伦上校，并说明了自己的来意。之前威廉姆斯想了两种可以跟上校套近乎的方法：一种方法是阿谀奉承，对他说"哎呀，你们的报纸真棒啊，您一定是最棒的广告精英"一类的废话；另一种方法则是把自己所有的信用卡都摆在他的桌上，告诉他自己希望得到什么样的帮助，并且保证这种帮助一定能够得到回报。

最后，威廉姆斯选择了后者。

■威廉姆斯如何说服他人

既然已经找到哈伦上校并打开了话题，接下来的问题便是要不要向上校说明自己的困难。最后，他还是把面临的一切困难都告诉了哈伦上校。因为他面临着一生中最重要的时刻，没有其他办法能确保他实现自己渴望的目标。这样做有被落井下石的危险，但是威廉姆斯决定赌一把。

威廉姆斯是这样对哈伦先生说的："上校，我希望《华盛顿星报》能跟我合作，刊登一系列有关自我如何获得进步的文章。这些篇幅加起来，大约价值 2500 美元。我曾经拥有过那么多的钱，可问题是大萧条来了，很不幸，我现在没有那么多钱了。"

"有个事实，希望您能够了解：我对于那些获得成功的人的研究花去了我 25 年的时间，从研究中，我总结出了一些规则。在这段时间里，安德鲁·卡内基、托马斯·爱迪生、弗兰克·范德利普、约翰·沃纳梅克及塞勒斯·柯蒂斯等人都曾经大力帮助过我。当我总结成功的原理时，他们提供了大量的经验供我参考。他们给予我的比我希望从您的刊物上得到的，要多出许多倍。通过他们的合作与帮助，我可以提供给世人一份进行自我帮助的原理说明，这是许多人梦寐以求的。我知道，这个要求并非基于一般的商业借贷标准。以那样的标准，我的条件并不符合商业借贷的要求。但如果您愿意帮助我，就请您像他们为我提供时间和经验一样，给我可以赊账的版面吧！"

在威廉姆斯这段对自己情况的简短介绍后，哈伦上校点了点头，表示他愿意信任和帮助威廉姆斯。当一切工作都顺利完成、如约付给《华盛顿星报》广告费用之后，威廉姆斯再次打电话给哈伦上校，与他进行了一番朋友般亲热的谈话。上校向威廉姆斯袒露了为何在了解他正处于财政困境，而且没有任何其他偿还方法的情况下，还同意先借他一块版面刊登文章。

上校的回答具有启发意义。他说："我之所以同意借给你版面，是因为你没有用任何手段掩盖自己的财政困境。你没有使任何诡计，也没有先向我展示你的优势。"

●拿破仑·希尔成功信条

◎如果希望能自己做宣传的话，那么，不论医生、律师、建筑师或其他专业人士都应当明白，实际上，热情是一码事，获取专业的经验是另一码事，不过这两码事也有重合在一起的时候，完全可以取得协调一致。做宣传既是专业宣传人士的工作，同样也是非专业人士的追求。

◎如果我们希望能走在世界的前沿，就必须关注哪些东西既是人们所需又是我们能够给予这个世界的。同时，还要注意确定自己做宣传的途径和方法。一个更好的宣传策略，是需要被制订的，这样更多的关注和热情将会降临在我们身上。而在它的后面，则是一系列的推销、宣传在等着我们。

◎生活中最重要的一件事，就是不断推销自己，朝着既定目标奋进。那些以良好的姿态出现在公众面前的人，其实并不一定都是出色的"推销员"。因此大部分人都需要规划专家的帮助，让自己能够稳步前进。

◎最好的规划不是等待被发现，无论你是谁或者身怀何种绝技，你都应该向世人展示自己的过人之处。同样地，最好的办法是不断寻找，直到你找到一位最适合为你制订规划的高人，把自己的绝活向他全盘托出，放手让他为你制订一个最佳的规划。

◎利己主义是人类心理上的一个弱点，阿谀奉承的干扰则非常有害，我们需要注意避免让自己受到干扰，因为它最容易钻利己主义心理的空子。

◎有些主管希望下属都能对自己"唯命是从"。事实上，一个优秀的管理人员可能更加愿意雇用"持反对意见者"，因为那样他的位置才可能更为稳固。

●拿破仑·希尔成功金钥匙

当你做好心理准备，准备着随时将自己推销出去之后，你需要做的下一项任务就是拿出一个人生的规划来。"任何宏伟的建筑都是从蓝图开始的。"人生像一张白纸，能力就仿佛随意画在白纸上的各种图画，只有优秀的画家才能以和谐的构图把这些图画很好地组织起来，成为一幅精彩的作品。规划帮助你做到的就是这一点。拿破仑·希尔以很多故事强调了规划的作用。当你对自己的人生有完善而长远的规划时，你就能够走得既稳固又长远，并且能够应付那些随时可能发生的变故；但是如果你对未来的规划显得过于简单或者是随意的话，那么一旦社会发生了改变，你就不可能适应这种改变，从而影响到你的前途。

那么，规划应该注意什么样的原则呢？拿破仑·希尔先生给出了他的答案：规划是决定你的人生的走向的，同时也决定着你在这个世界上的作用和地位，所以你的规划一定要和个人生活以及社会联系起来。其中包括对人生的计划、对事业的定位、对朋友的选择等等，你需要获得最专业的知识来加强你的竞争力；你需要确定自己未来要做什么，从而决定自己的工作；你需要选择周围的朋友，因为他们在关键时刻既能够帮助你，也可能拖你的后腿。这一切都无法用空想解决，只能脚踏实地地进行思考和规划，并且实行。

第二章

一个成功企业家的九种品质

品质一：高效

■实干家讲究效率

1930 年，汽车工业到达了饱和点。福特要求自己的经销商更为有效率地开展工作，甚至比他们自己期望的还要快——其实每个人都需要有这样的压力。所以，当汽车行业的竞争已经是空前激烈的时候，福特汽车的销售却达到了最高峰。福特制订的销售计划，其实是更加有利于汽车销售商的，使经销商们获得了更多的利润。

同时，福特支付给下属的薪水通常都很高，当人们为他服务时，他使他们得到高回报。

有些慈善机构指责福特先生，说他从不进行慈善捐款。但这种指责并不正确。福特为人们提供了大量的工作机会、优于其他工厂的工作环境和高于平均水平的工资。福特不是在给予一个人财物时伤害他的自尊，而是让他通过自己的劳动获得报酬。这是最实用的慈善方式，也是优秀的行动家精神的最佳体现。福特所做的一切都是直接有效地进行的一种慈善之举。

通过自己的方式，福特帮助许多人获得并积累了更多的财富，而他也从中获益匪浅。他的工作效率使福特汽车的经销商和福特工厂中的工人都获得很大的利益。

当你考虑到福特先生事业的规模时，你就可以理解，为何他不能让所有人都感到满意。效率的提高，必须以有明确的营业方针和执行该方针的计划为前提。福特先生的商业运作，总是按照这样的方针与计划进行的。如果他没有这么做，他就不会获得今天这样的成功。

■福特的务实精神

福特先生不热情，他的性格一点也不活泼，而且非常固执与坚定。正是这样的性格，他才拥有了可贵的务实精神。他从来都把生产与销售一般人能买得起的汽车作为自己的首要任务。

许多被认为是比福特先生更优秀的人，都没能在大萧条中逃过一劫。通过这一事实，我可以肯定地得出这样一个结论：有时，某一种逃避会被看成是出色的务实精神，而事实上，这是无效率的表现。在刚刚开始自己的事业时，亨利·福特认识到自己身处于机器时代，这个时代流行"适者生存"。当然，他明白，"适者生存"就意味着办事要有效率。他制订了非常成功的计划，并通过计划的执行成了真正的"适者"。

■效率来自集中精力

迈克绝对不是那种大科学家，他曾经还做过一些挖沙、建筑方面的杂活，但是他最可贵的地方在于，他从来不服从命运的安排，而是要做出一番伟大的事业。于是他做出了一个决定：在工作之余去研究历史、考古。

出身于建筑工人的迈克对考古可谓一窍不通，但是他却不浪费一分一秒的时间，从最简单的知识开始迎头赶上。他采取了很好的方法去学习，在10年的时间里，他做了大量的笔记，并且按照门类将这些笔记整理好。他全神贯注地完成这些任务，所以在效率上获得了很大的提高，每天不过花上1个小时的时间，就能完成许多人必须花费5个小时才能完成的任务。终于，他成为一位小有名气的历史、考古学家。对于当地的一些奇怪的、许多专家都无法解释的现象，他却能提出自己的看法，并且提供非常重要的线索。

正是因为他有高效的学习方法，还有全神贯注的精神，他被美国著名的大学录取了，后来在这个领域很有建树。

所以，学习知识或者做事并不是难事，关键是你能不能用 1 小时的时间完成别人 5 个小时的任务。

■效率在于思维

效率究竟能够通过什么样的方式表现出来呢？或者说，什么样的形式能够提高效率呢？下面这个故事也许能让你有所启迪。

这是发生在美国宇航事业上的一个小故事。为了实现未来有一天能够飞上太空的梦想，美国政府很早就开始研究有关宇宙的许多知识。其中有一个小小的问题需要解决：假如我们人类到达太空之后想书写一些东西，那该用什么书写工具呢？

不要小看这样一个问题，实际上，要解决这样的问题并不容易。因为许多科学家已经证明，外太空的重力远远小于地球的重力，那么压力也就会随之减小，像钢笔这样需要依靠压力的书写工具就无法使用了。

一大堆的科学家为这个问题大伤脑筋，他们发明了许多奇奇怪怪的笔，但是却没有一种能有很好的书写效果；他们还发明了不少工具，但是这些东西不是太笨重，就是太费劲，都不是最好的选择。

"为什么不用铅笔呢？"这时候，一个刚刚加入技术组的年轻专家说。这就解决了历史上一个大问题！

确实，正确的思维方法就是最好的提高效率的方法。

■简洁就是效率

三只轮胎被放进了仓库，其中有两只是已经用旧了的轮胎，一只还是全新的轮胎。其中一只旧轮胎的哀叫声唤醒了这只新轮胎。

"发生了什么事情？"新轮胎问他们。

其中一只旧轮胎说："假如你跑了 5000 千米的路程，你就不会问我们发生什么事情了。"

"跑5000千米真的有这么痛苦吗?"新轮胎显得忐忑不安。

"你别听他的,"另一只旧轮胎说,"你只要计算自己转一圈的路程就可以了,根本不用想自己跑了多少路程。"

新轮胎相信了这只轮胎的话,他在被安上汽车的那一天就开始计算每转一圈跑的路程,而不去想总共走了多长的距离。这种思维反而让他有信心跑得更远。

一年过去之后,新轮胎也变成了旧轮胎,但是他跑了差不多7000千米。

简洁是一种高效率逻辑思维的体现。能够化繁为简,自然能够提高效率,就像这只新轮胎一样。我们经常可以看到这种现象:某位员工就某件事情汇报了半天,领导却不得要领,不知其主要说什么;某位员工就某件事写了一篇文字材料,洋洋数千言,可这件事到底是怎么回事,看了半天也不明白。这是效率低下的表现。

●拿破仑·希尔成功信条

◎如今的贸易世界,不应该去指责福特的行为方式,而应当更多地承袭福特先生的优点。"让消费者的每一分钱都花在实处"的精神是未来成功贸易的趋势。如果要做到这一点,销售商与制造商就必须最大限度地减少劣质经营中的浪费和高成本。

◎不仅商业界与工业界的人们可以学习亨利·福特,学者们也可以通过观察他的行事方式而从中获益。如果在教育中应用他的运营方针,就可以缩短学生们坐在教室中学习抽象的、毫无实践价值的知识的时间。

◎政治家们也可通过对福特的效率方法的学习和应用而获益。如果由亨利·福特来全权管理美国政府——曾经有一个说法是这样说的——那他每年至少会节约5亿美元,这是一个不错的回报;如果让他担任财政部部长,他一定会至少削减一半的开支。程序烦琐、人浮于事,这些都会造成浪费,福特肯定会避免这种情况的发生。那些自身利益受到侵犯的人一定会恨之入骨,但是支持政府的纳税人肯定会兴高采烈,没有一句抱怨。

◎一见到客户,就先表明自己,使自己在客户眼里成为一位学有专长、讲求效率的人。

◎推销员要有信心让别人知道自己所销售的产品能够带来回报。就从事人寿保险来说，如果自己不先投保 100 万元，不先对 100 万元的人寿保险作深入的了解，如何能说服别人投保 100 万元？推销员要做到：自己一开口，就能让顾客感到自己对产品拥有很大的信心。这也是一种效率的表现。

◎简洁意味着条理清楚、层次分明、直接准确，就如同有的人一眼看去就给人一种精干的印象，没有多余的赘肉与装饰，言谈举止绝不拖泥带水、拖拖拉拉。我们完全可以从日常的诸多小事入手来练就这种本领。

●拿破仑·希尔成功金钥匙

拿破仑·希尔在这里指出的效率并非指一般的工作效率，而是实干的企业家如何尽快提升自己企业的竞争力的效率。实际上在这里指出的是企业家如何通过有效率地管理自己的企业，从而使它获得更为强大的竞争力。"让每一分钱都花在实处"，这是希尔先生从福特的生意经当中所提取的最为精粹的话语之一。希尔先生非常提倡这样的态度。通过有效地花钱、有效地激活下属员工的工作积极性，从而更好地赚钱，这就是提升效率的整个过程。

品质二：果断

■推销员应该果断提出交易

推销员可以果断结束交易：

一是你的客户不再表示出有不同意见，或者表示反对。当推销员一一回答了客户的问题后，对方表示满意，但此时没有明确表示购买，那么推销员可以认为顾客已经接受了交易，可以签合同了。

二是客户不再表示顾虑。如果客户声称这件商品或者这种服务他觉得是可行的，那么不要等，马上签合同吧！

三是客户已经打算购买了，但是还没有说出来，那么你就应该代替他把这句话说出来。有时候还可以适当地增加压力，比如说"这件商品是限量版，只剩下最后一件了"。

■看准时机就应该果断出手

穆利是美国少有的年轻的公司管理者，他总是看准时机果断出手，结果收获不少。

穆利在学校时一直热情参与社会活动，不仅态度积极，而且成绩不错。1937年，穆利考进了纽约大学法语系，他就开始张罗着给一些有钱人家做法语家庭教师，平均每个月他都能获得数百美元的收入，能够满足一学期的零用钱需要。穆利总结说："当自己没有任何资本的时候，做家庭教师稳赚不赔。"

当穆利进入二年级之后，穆利开始为纽约某文化用品公司担任推销员。

当时，推销员对于学生来说是一个很常见的活，很多跟他一样的学生推销员都扛着书本、文具出没在校园里的各个角落，非常辛苦。

但是穆利却显得格外地轻松，他的方法是针对一定的人群，并且远比别人反应要快。他在女生宿舍和餐厅之间摆了个小摊。因为这里离餐厅近，人来人往，而且女孩子特别喜欢买这些小东西。看准了其中的商机，穆利马上下手。兼职销售里唯独他的业绩好得惊人。这一年，他把自己的学费赚了回来。

毕业之前，穆利打算做一笔大生意。他拿出自己的3000美元，又向5个同学一共借了3000美元。用这笔钱，他从一个经销商那里购买了一批新款的自行车，在纽约大学附近的商业街上租了一家小店。他给予学生们的优惠非常多，只需要拿出一辆旧的自行车，然后将剩余的费用补齐，那么他们就可以获得一辆崭新的自行车。这让穆利的生意好得惊人，他的小店里的顾客总是络绎不绝。此外，穆利还经常免费为其他人修自行车，这让他的生意更好了。

对于自己的成功，他的解释就是果断。只有果断去争取商机，才能在竞争中获得更多赚钱的机会。

后来，这种自行车销售方法在纽约的大学中都逐渐流行起来。

■老鼠的寓言

曾经有这样一个关于老鼠的寓言，说一群老鼠为了不再被洞口外面的猫所伏击，于是在洞里召开大会，希望大家都能够贡献出自己的智慧，想出一个办法来一劳永逸地对付猫，让大家的生命不再受到威胁。

想出的办法当然很多，比如让猫多吃一些鱼甚至鸡鸭，这样就可以改变它的食性，不再吃老鼠；或者研制一些药品把猫毒死。可是这些都是"远水解不了近渴"。这段时间怎么办呢？最后，老鼠当中年纪最大，也是最狡猾的老老鼠想出了一个办法，那就是给猫戴上一个铃铛。这样，只要猫一有响动，那么铃铛就会报警，老鼠们得到消息就不再害怕了。这个主意让所有在场的老鼠都大声叫好，对老老鼠也是佩服得五体投地。

于是，大家都开始憧憬没有猫威胁的日子将是多么快乐。大家纷纷表达出以后想过更好的生活的愿望，但是最后有一只小老鼠提出了一个问题："谁去给这只猫挂铃铛呢？"

这又引起了大家的争论，最后也没有讨论出个结果来。

●拿破仑·希尔成功信条

◎相对于那些决定速度比较慢的人，作决定快的人犯错误的概率会增加——他一定会比那些作决定慢的人犯更多的错。但是我们必须这样看：就算在那些反应速度够快、做出决定够明确的人所做的决定中，10个有9个会发生错误，但是第10个带来的利益一定能够弥补前面9个带来的损失。

◎能够自己迅速作决定的人比那些从不作决定或允许他人为自己作决定的人要强得多。

◎果断是什么？它是一种完善了的思想。办事果断的人必定是会思考的人，果断地做出决定需要有一个正确思考的方法，大多数人恰恰忽视了这一点。

◎优柔寡断让许多人面临不幸，它会使人对一些事情失望，然后把惩罚强加在自己身上。其他任何性格上的不良因素其实都无法导致这一结果。

◎一个人或许原本拥有某种领导能力，但是在处理紧急事务时，优柔寡断的作风会将它破坏殆尽。

◎经济大萧条开始后不久，许多迹象显示曾经叱咤风云、分布在各个领域的领导们，都变得优柔寡断起来。过去往往说一不二，能做出快速、明确反应的人，这个时候只会躲在被子里颤抖，什么也做不了。他们的座右铭其实不正是这样的吗："当有疑虑之时，尽量少做事。"

●拿破仑·希尔成功金钥匙

> 人的一生就是不断进行选择的过程。每个人每天都要做出这样或那样的决定，决定的内容小到生活琐事，大至事业决策；决定的难度也有所不同；做出决定的时间，短的几分钟，长的几小时，甚至几天、几周。果断就产生于这样的作决定的过程当中。它以逻辑性、连贯性着手研究问题，能够迅速、正确地解决问题。虽然免不了有些失误，但是果断能够弥补这样的不足。决定一经采纳就贯彻到底，这种果断是值得称颂的。

品质三：自我约束

■作家的故事

曾经有个作家，在炎热的夏天，他在家中奋力完成自己的书稿。这时候，一位熟人给他打来电话，邀请他一起去湖上划船。这是一个很有吸引力的活动，但作家看了看墙上的"时间计划表"，然后对自己说："你不能去!"

这位作家最终错过了一次可以荡舟湖上的好机会，但是他一点也不为此后悔。因为他更加喜爱写作，并且这样的约束帮助他赶上了书稿的进度。他把工作当成各种形式的消遣活动，使自己乐在其中。自我约束的习惯帮助他节约了不少的时间，这样他的书稿才能又快又好地完成。

■福特公司的自我约束战略

当年在福特公司的一次制订战略的讨论中，当时的执行官认为福特的战略是"当我们说话时，整个行业都在倾听"——在若干年内，通过控制汽车的制造成为汽车行业的统治者。这之后不久，福特的一个经理收到了英国一家制造公司的一张巨额订单。经理向执行官"请功"时，却遭到了他的批评。为了实现福特制订的战略，福特公司断然拒绝了这张订单，尽管它价值1000万美元!

认为"只有偏执狂才能生存"的福特几乎是僵硬而死板地执行着他制订的企业战略，"激光"般地聚焦在汽车业务上。结果是，在汽车产业的生态系统中，福特公司大显身手！

■约束应该讲究方法

格兰特的带兵方法常常被传为佳话。

有一次，他率领的军队驻扎在一个小镇，这个小镇盛产樱桃。当天夜里，一个士兵感到口渴却找不到水，于是他悄悄地来到樱桃树下，顺手摘下一串樱桃，然后津津有味地吃起来。第二天一大早，樱桃园主发现地上的樱桃核，立刻判断是来此驻扎的士兵偷吃了樱桃。他找到格兰特，很生气地说："你手下人偷吃了我的樱桃，必须查出来是谁干的！"

格兰特一开始不相信，他与樱桃园主一起来到樱桃树下，果然看见了满地的樱桃核。他忙赔不是，并拿出钱给樱桃园主，才让樱桃园主停止了发火。

格兰特在向回走的路上很气愤，他想，一定要严厉查办偷吃樱桃的士兵。但一会儿他又冷静下来，告诉自己要容忍，因为眼下正是用人之际。于是他只是大而化之地训斥了所有的士兵一番。

事情到此却没有结束。当天中午，那位丢失樱桃的人，竟拎着满满一篮子樱桃，来到了军队驻地。他是来慰问官兵的，并向战士们说："你们有这样一位长官真是荣幸，他爱护你们像爱护自己的子女一样。"格兰特对樱桃园主人的热情表示感谢，掏钱给他，樱桃园主不肯收，格兰特告诉他："我的军队从来不无偿收人家东西，这是军规。请你不要让我们破坏这军规，好吗？"

樱桃园主立即问："那么，你为什么不处罚那个偷吃了樱桃的士兵呢？"

格兰特回答道："眼下正是士兵出生入死的时候，他们的表现一直很优秀，如果拿一点小事去衡量一个人的功过是非，那未免就有些小题大做了。"当时，在场的人无不感动。那位一直想隐瞒的士兵，终于控制不住感情，勇敢地站出来道歉，并且深深地为格兰特的约束力感动。后来这名士兵也成为立下战功的功臣。

■黑点与白点

被上司痛骂之后，希拉尔哭着跑回了家。她发誓，再也不去这家公司上班了，因为这家公司在她看来一无是处。但是，她的丈夫莫里却不这么认为。他于是找到了一个方法，想来劝说自己的妻子。

莫里拿出了一张白纸，然后跟希拉尔说，如果她有什么怨言，就在这张白纸上画一个点，一个黑点就代表这家公司她不满意的地方。于是气头上的希拉尔就在纸上不停地画着黑点，一直到她画满整张纸。莫里拿起来这张纸，他问妻子看到了什么。"那还用说？那不都是黑点嘛，全部都是这家公司的缺点！"

"但是除了黑点，你还看到了什么呢？"莫里又问。

"还有这张白纸本身。"希拉尔说。她忽然想起在这家公司有很长的假期，有高薪，还有许多规范的制度，这些都是让人感到舒服的地方。莫里这时不失时机地说："不要因为一时的感情冲动而失去了这么好的一个机会啊！"

希拉尔终于被丈夫劝说下来，语气渐渐缓和，态度也开朗了，终于破涕为笑。她这才明白，自我约束的力量的确非常大，而自己上午的工作，也正是因为缺少自我约束才和老板发生了顶撞。

绝大多数人看到的都是白纸上的缺点，而忽略了黑点旁边更大的白纸空间。这多少缺乏自我约束的力量。只看到别人的缺点，会使得自己生活不如意，人际关系紧张。若能不执着于黑点，多欣赏黑点后的白纸，岂不是豁然开朗而能常保持心情愉快吗？

●拿破仑·希尔成功信条

◎你愿意付出这样的代价吗？你必须因为严格执行时间与开支上的计划而损失许多个人的乐趣，进行自我约束。如果你不能做到这一点，那么你在经济上乃至个人发展上就难有作为。

◎人们往往只注意到福特最成功的时候，他们喜欢评价说："这是一个多么走运的人啊！" 很少有人追寻他成功的全过程。人们甚至不愿意花费精力去寻找他如此"幸运"、获得成功的原因。但实际上，福特正是通过严格的自我约束而走向成功的。

◎大多数人都是感情的动物，受到情绪的支配。福特先生也有情有义，但他的情义总是在适当的控制之下的。这种自制是大多数人永远都做不到的。

◎福特先生最具代表性的自我控制表现在他简单的生活方式上。他从来不试图以任何方式让公众意识到他具备雄厚的财力。他现在的生活方式，与多年前刚刚开始创业时没有什么不同。他把自己的儿子培养成了以劳动为荣的人，这同样也证明了他的自制能力。

◎福特先生坚持应用自制法则，他以自己的方式生活，保留为自己思考的权利。他得到了并一直保持着对自己情绪的控制权，这证明他拥有出色的自制能力。相反，大多数的人则屈服于公众的意见，让自己的思想与实际行动都随大流。

●拿破仑·希尔成功金钥匙

"自我约束"是一个很古老的话题。早在古代，就有"吾日三省吾身"等等关于自我约束的观点，这也逐渐成为一种美德。正如水倒在杯子里就不会流散，而如果杯子被打破的话，水就会流得到处都是。杯子对水来说就是一种约束。人也是这样，如果没有约束，每个人都随心所欲地去干自己想干的事情，自然环境、社会秩序都将被破坏，文明将不复存在，那将会是一个多么危险的世界！人是社会动物，只有在法律法规的约束下、在社会道德的约束下、在自我意识的约束下，才能向正确的方向前进，做出对社会、对全人类有益的事来。

品质四：谦逊

■一笔即将泡汤的生意

电话推销员佛里斯，一次向一家规模不小的公司推销电话。竞争相当激烈，到最后，只剩下两家公司等着最后的选择。

琼斯教授负责这次甄选。本来这两家公司实力不相上下，很难选择。但是琼斯教授似乎更喜欢竞争对手的公司，这让佛里斯非常着急。于是他不厌其烦地反复陈述自己的电话是多么好，这让琼斯教授勃然大怒。

"我是专家，难道我都看不出来吗？"他生气地说。眼看这笔生意即将泡汤。

佛里斯感到很沮丧，这时一个朋友建议：为什么不用一种更谦虚的口吻呢？

于是，佛里斯重新到琼斯教授家中拜访，他说："琼斯教授，上次跟您谈过后，我们觉得您说得很有道理。这次拜访就是希望您告诉我们一些方法，让我们以后做得更好。您是这方面的专家，今后我们的产品如何参与竞争才能生存？希望能听听您的高见。"佛里斯一脸诚恳地说。

琼斯教授听了后非常开心，一改白天的态度，耐心地做出了指点。这次谈话之后没多久，这笔生意就落到了佛里斯的公司手里，而且琼斯教授还将其他公司的业务也交给了佛里斯的公司做，因为他相信，佛里斯的公司能提供更好的服务。

因为谦虚，一笔快泡汤的生意又做成了。

■谦虚的作用

谦虚对个人到底会有什么样的帮助呢？《华尔街日报》曾经做过一次关于谦虚的调查，40%的人认为谦虚能给自己增加就业的机会，在所有的帮助元素中名列第一。

谦虚在求职上有什么作用？在这个调查中，因为谦虚，有90%的人得到了工作的机会；有60%的领导喜欢使用那些看上去谦逊的下属，几乎所有的管理人员都不会给那些满脸傲慢的人以好脸色；80%的求职者认为，如果你想得到一份好的工作并且做下去的话，那么你就应该保持谦虚。另一份很有影响力的报纸做出的调查也显示，谦虚是求职过程中不可缺少的元素，它甚至排在某些能力之前。

另外，工作中的谦虚对于人际关系的作用，也是非常明显的。30%的人认为谦虚能够更好地扩展自己的业务；20%的人认为谦虚的人适合做更多类型的工作，比如推销员和业务员；60%的人认为，在一个大家都很谦虚的环境里工作，是一件很开心的事情，有助于专业技术上的交流和沟通，可以让彼此在技术上有所提高。

■电扇商人的心理战

罗塞是一个卖电扇的商人，多年来，他和一位销售商布鲁克林一直保持着很好的生意往来。那位销售商的业务量很大，而且保持着很好的信誉，所以一直是罗塞的主要客户。

但是那位销售商的脾气是很难让人忍受的，他时时刻刻都想让别人出丑，他发起脾气来经常会伴以吼叫的方式。对于那些推销员他总是这样吼道："今天什么也不要！不要浪费你我的时间！走开吧！"这让和他接触的人都感到十分难受。在接触这个商人之前，罗塞也觉得他很难接近，但是换了一种方式之后，罗塞就很轻易地接近了这个商人。

这天，罗塞亲自去拜访这个销售商，他显得非常谦虚。他说："先生，我今天不是来推销什么东西的。我是来请你帮忙的。不知道你能不能拨出一点时间和我谈一谈？"

"什么事？快点说。"这位销售商没好气地说。

"我想在翡翠大街上新开一家公司，因为你对这一带非常熟悉，所以我想听听你的建议。"

这句话让销售商感到了自己的重要，他显得非常得意，于是态度开始变得好起来。最后他不但指出在什么地方开店比较合适，而且还表示愿意加入到罗塞的经营当中来。

"那天晚上，我赚了一大笔。"罗塞说，"我不但获得了订单，而且还得到了一个朋友。他很喜欢骂人，但对我，他却愿意和我喝咖啡。因为我的态度非常谦虚，这让他感觉自己是个重要人物！"

■谦逊的第一印象

1922年10月，A公司成功的销售员哈里去拜访纽约当地最大的油漆经销商。在谈起双方合作历程时，经销商杰夫兴致勃勃地讲起了C公司的销售员曾经来拜访的故事：

C公司曾经是哈里所在公司强有力的竞争对手，销售范围也是遍布全美国。他们的产品质量优秀，已有一年生产油漆的经验，销售业绩不错。

杰夫说："那是1921年，秘书说，C公司的特派员约我见面。C公司大名鼎鼎，我早就听说他们的产品质量一流，但我却一直没时间和他们联系。现在既然他们主动找上门来，那为什么不安排一个下午两点的约会呢？

"可是下午到了两点半我才听见有人敲门，他们的态度非常傲慢。门开了，进来一个穿一套皱巴巴的咖啡色旧西装的人。他非常骄傲地说，他就是 C 公司派来的推销员。

"我打量着他：西装是敞开的；领带打歪了，并且飘在羊毛衫的外面，不仅颜色不对，而且好像有油污；黑色皮鞋看上去走了很多路，上面沾满了尘土。"

杰夫说，这个人一直在他面前唠叨不休，但是他一点儿也听不进去。只看到推销员的嘴巴在动，还不时拿出一些资料。杰夫就想以最快的速度结束这一次交谈，对于这样骄傲的态度他感觉十分不快。

"他介绍完了，没有说话，安静了。我一下子清醒过来，马上说：'把资料放下吧，我看一看，你回去吧！'

"就这样，我把他打发走了。我不能接受他，本能地想拒绝。我当时就想我不能与 C 公司合作。而 A 公司的你们与他们有天壤之别，精明能干，有礼有节，是干实事的，所以我们就合作了。"

这个故事让人感受到"第一印象的重要"以及"推销就是先把自己卖出去"的真谛。与客户的第一次见面在一笔交易中显得尤为重要，"好的开始等于成功了一半"！

■拳王的回答

罗杰斯是一位非常厉害的轻量级拳王，他的拳头一般人是难以承受的。但是即便他战胜了无数选手，依然有人对他的能力表示质疑。

有一次，罗杰斯很轻易地就将一个来挑战的对手放倒了，他的拳头打得那个人满地找牙。但是这太过轻易的胜利引起了对方支持者们的不满。当罗杰斯结束了比赛走出门后，一瓶啤酒泼到了他身边。只见一个小青年带着嘲讽的笑容——他是对手的一个支持者。

"你不过是一个轻量级的拳王而已，你能保证一辈子都不败吗？"那个小青年很嚣张地说。

"不，我不能。"拳王并不发怒，显得非常心平气和。

"你有本事就来揍我呀，我知道你厉害！"小青年不依不饶，并且冲罗杰斯的肩膀上给了一拳。

但是罗杰斯只是看看他，然后笑着离开了。罗杰斯的经纪人感到很不理解："你为什么不去教训一下这小子？起码也该'以其人之道还治其人之身'吧？"

罗杰斯很宽怀地看看自己的朋友，说："如果你是一个画家，有人说你的画不好，你会为他画一幅画来还以'颜色'吗？"这就是谦虚的拳王的回答。

●拿破仑·希尔成功信条

◎骄傲、自负与谦逊这两种性格注定势不两立，一旦其中一个占据了优势，另一个必然会消失得无影无踪。所以，去除骄傲的最好方法就是保持谦虚。

◎有一种智慧能帮助人们解决自己的难题。他们顺应这种智慧的指导，然后轻松地运用它，所有难题都会迎刃而解。这种智慧就是谦逊。

◎不要骄傲，因为人的能力常常就毁在骄傲自大上。智慧是无限的，但是它与骄傲绝不可能并存。许多获得财富的人都是在晚年才领悟到这个道理的。骄傲往往只是自负自大！

◎"好为人师"，是人性的一个弱点，其实质是人类天性中最高贵的自尊心。每个人都希望能得到他人的尊重和敬仰，无论他是伟人还是平民，是老人还是稚子。法国大作家罗曼·罗兰说："自尊心是人类心灵的伟大杠杆。"只要你能满足对方的自尊心，你也就掌握了对方。

◎先向师傅学推销，然后向师傅推销，这是推销中很高明的一招。如果你某次推销失败了，对客户不要从此就这么形同陌路，不再见面；务必再去看看客户，抱着学习请教的心态去。斗不过他，就干脆拜他为师，了解一下失败的原因。生意不是只做一天两天的，以后仍有机会——"师傅，下次如果照着您的指示去做，您不会不买吧？"

●拿破仑·希尔成功金钥匙

一个人是否谦逊，取决于他对自己的认识与自我努力相结合的程度。谦逊，使生活理想得以形成，并冷静地估计自己能做些什么、该做些什么。大凡掌握了渊博的知识、举止谦逊、量力而行者，成就也最大。人越谦虚，在克服困难和达成似乎不可能的目标时，他身上拥有的能力就越强。谦逊者具备坚定、顽强的意志，不会对别人的微小缺点斤斤计较。在谦逊的人身上，纪律、天职、义务及意志的自由和谐地得到了融会贯通。

品质五：先超值服务，再获取回报

■福特先生的好习惯

福特非常习惯于提供物美价廉的商品，这让他获得了巨大的成功。他常常会对自己的一些商业伙伴表示不满，因为他们对这种习惯不认同、不理解。

在福特事业的起步阶段，著名的"T"型车尚未问世。福特的合作者们就希望他能够生产那种车型很大而且非常昂贵的汽车，他们觉得，这样的汽车会带来更高的利润。但是福特并不这么想。他主张，小汽车所具备的价值其实更高，因为小汽车的价格更为低廉，人们都能够承受，能够给人们带来更多的好处。这个方针让福特的公司获得了良好的声誉，随之而来的是巨额的财富。

这个习惯至今都没有发生转变。

当其他制造商提高汽车价格时，福特先生却在降低价格；当其他雇主削减雇员的工资时，福特先生通常会为自己的员工加薪。美国钢铁公司每年要花费数百万美元来消除旗下员工之间的矛盾与摩擦。福特先生找到了将员工之间的摩擦与冲突降到最低的新方法，而且证明自己的新方法是可靠的，因为它们已经起到了作用。他常常是反其道而行之，但是事实却证明，他这样的经营方式是非常正确的。

要整理一份包含福特管理工作的报告实在是太难了，他的管理方法与其他工业家完全不同。在任何一个行业中，他所执行的规则都被公认为例外。福特先生从不遵循传统，他有一套自己的经营方法。他拒绝重复任何自己能够加以改进的方法。

■福特的管理术

福特所采取的管理也是超值的。福特坚持对员工进行帮助和指导，目的就是要提高员工自己及对公司的价值。有些人对个人习惯毫不关心，他们需要一些外来力量管理自己的事务。福特的员工中就有这样的人，他们的需要也得到了满足。

福特会派人前往工人的家中，察看他们能否有效地处理家庭关系，以及他们的居住环境是否清洁、卫生。他还对许多员工的家庭进行照顾，使这些员工大大提高了自身的价值。有的雇主会认为员工的家庭与自己毫无关系，如果是这样的话，他的员工常常会带着一堆家庭问题来上班。

福特从未有任何新方法会对自己的员工产生不良影响，无论他的方法是否"激进"，他都是永远将提供超值服务的宗旨放在首位的。

对于顾客，这样的规则同样适用。有些汽车制造商在汽车销售与维修过程中，对顾客连蒙带骗，完全像抢劫一样。福特创立了一个独特的规矩：为所有顾客提供价格合理的统一服务。福特的经销商中由于企图欺骗车主而被剥夺了经销权的大有人在，但很多顾客也许都不了解这样的事实。

福特先生的看法是，如果一个人不能提供任何超值的服务，他就失去了寻求提升职位与增加收入的机会。此外，如果一个人不能提供任何超值的服务，很显然，也不值得别人为他多付出。福特通过对这一法则的应用，证明了自己的坚定信念。

■美国服务业的六件小事

1. 一天，一个由40位英国老人组成的访问团来到华盛顿一家高级餐厅，要求厨师做地道的家乡菜。可是这些老人并没有透露自己是哪里人，也忘了告诉厨师自己喜欢什么样的口味、有哪些特殊的癖好或者禁忌。这让饭店的经理倍感棘手。于是，饭店经理动用自己的关系到处打听，最终找到了这个访问团所入住的酒店，并且得到了这些老人平常用餐的清单。经理掌握了许多非常有价值的信息，并了解到这些客人都是从法国去英国的。当服务员为客人们送上一桌地道的法国菜时，老人们仿佛孩童一般地欢呼起来。不一会儿，这些菜就被一扫而光。老人们向饭店表示诚挚的感谢，他们表示非常满意。

他们说，这是他们到美国后吃到的最香、最满意、最开心的一顿饭。

2．这是发生在一家电影院里面的事情。这天，所有的电影都已经结束了放映。当影院人员正准备收拾东西离开的时候，一家三口忽然出现在电影院门前。原来，他们已经买了这场电影的票，可是因为中途发生了一些变故，他们没来得及赶上。因为这是这部电影在这里的最后一次放映，而且他们又是以看这部电影作为对自己孩子的生日庆祝，所以工作人员临时决定，为这个家庭加映一场。所有人员重新各就各位，随着银幕上出现画面，这一家三口也感动得无以言表。

3．迈阿密一家医院里，住进了一位巴西的病人。她和她的丈夫是来这里度假的，但是突发病症，只好住到医院里面来。这位女士完全不会说英语，而她的丈夫也只懂一些很简单的话。医院得知这个消息之后，便派出一个会说葡萄牙语的护士（她本身也是葡萄牙人的后代）来照顾这个病号。这个巴西女人因为初来乍到，胃口十分不好，一直拒绝吃饭，这位护士就先用葡萄牙语跟她聊天，然后耐心地为她喂饭。终于，病人张开了嘴巴，一点点地把饭吃了下去。这情景让这家外国友人十分感动。

4．这是一家小旅馆，位于美国著名的五大湖区。旅馆老板也是一个非常体贴的人，尽管竞争激烈，但是他依然以最好的态度来照顾住客。有一天，旅馆里住进来一个老人。老人在房间里面巡视了一番，然后表示对一切他都很满意，但是老板注意到老人对床上的枕头皱了皱眉头。这个细微的动作让老板若有所思。第二天，老人从外面观赏风景回来，很惊讶地发现，昨天还非常硬的枕头今天已经变得十分柔软，而且在一边还有一杯可以安神的饮料。老人很快明白这是老板的特意安排。老人其实是代表美国一家大型酒店集团来考察五大湖区的酒店加盟商的，最后这笔价值600万美元的生意当然落到了旅馆老板的手上。

5．某酒店有一位来自亚洲的客人，他表示打算在纽约的任何酒店中找一家作为自己办事机构的常驻地点。酒店方当然非常重视这笔生意，处处显得周到而小心。但是这位客人没有住几天就开始挑剔酒店里的种种服务。经理很清楚这绝对不是服务上出了问题，但他也知道客人的挑剔不是毫无原因的。经过仔细检查他才发现，酒店的一些文化陈设触犯了这位客人的一些禁忌。酒店经理当即表示歉意，并且很快修改了一些陈设。结果第二天这位客人就和酒店签下了长达5年的租约。

6. 一天中午，费城一家餐厅来了一位老先生，自顾找了一个不显眼的角落坐下来。他样子看上去非常寒酸，用蹩脚的英语对服务员说："给我来一点面包好了。"服务员并没有对这个寒酸的老人表示不屑，而是微笑着送上了面包，同时还给他送来了免费的茶水。当天晚上，这位老先生再次光临，还在老位置上坐下，又让服务员为他送上面包。服务员依然像上午那样，为他提供了免费茶水，而且服务周到。吃完了饭，老人相当满意，他对餐厅经理说："我的儿子将在一家餐厅举办一次舞会，钱不在话下，关键是服务要好，我想我已经找到了需要的餐厅，就是你们了！"餐厅经理一听不由得喜上眉梢。

●拿破仑·希尔成功信条

◎福特先生的成功绝对不是靠投机取巧，他的成功之道没有任何神秘或不可思议之处。如果你问他的话，他自己也会这么说。他从不认为自己的成功来源于聪明的头脑或比别人更多的优势。他非常清楚，自己之所以能成功，是因为他运用了一些正确的法则。这些法则对其他人同样有帮助。

◎使我震惊的是，从福特先生的例子中获益的人居然那么少。自从福特先生进军汽车行业以来，许多汽车制造商还未起步就跌倒了，这主要是因为他们从未思考和学习过福特的经营方针。

◎我们正在进入一个对所有能提供超值服务的人都有利的时代。事实上，如今这个时代正需要这样的服务。未来，那些不愿意提供或看不上这样的服务的人会面临不愉快的经历；他们会发现，自己的机会全被那些更为主动的竞争者抢走了。

●拿破仑·希尔成功金钥匙

这里的超值服务，也可以看作是从企业家的角度而言的。前面第二章中谈到过个人服务当中如何以超值服务来获得超值的回报，在这里则以福特的实例讨论了企业家在工作当中，如何以比较低的成本来换取高额的利润。希尔先生认为，这种利润的获得，并非来自一般企业家所采取的克扣或者是压榨，而是来自以福特为代表的人性化的管理，这让他的员工们感到感激，同样也觉得在这里工作是安全、可靠的。这就是一个企业通过它本身的文化自我增值的过程——通过提供让下属感到超值的服务，激活下属的工作积极性，从而得到更多的回报。这样的企业在福特的时代就有了，也将成为后来者的榜样。

品质六：坚持

■坚持有时会犯错，但不坚持本身就是大错

坚持究竟是好事还是坏事？这个可不好说。让我们先来看一个因过度坚持而产生不好的结果的故事。这个故事是有关福特汽车的创始人的。

当时，福特工厂里面的工程师们草拟了一份详细的计划，这个计划将改进老式"T"车型的后轮设计。当一切准备就绪之后，工程师们便邀请福特先生光临设计车间，并对他们的工作进行检查。

工程师们一个接一个地陈述着这种改进的理由，而福特先生在一边静静地听着，没有发表任何意见。直到最后一位工程师发言完毕，他才走到桌子旁边，一边轻轻叩打着桌上的计划图，一边跟工程师们说："先生们，我们一天24小时都在不停地生产，我们的福特汽车现在供不应求。只要这种情况继续在市场上出现，我们的汽车就不需要作任何的改变！"

在福特先生的坚持下，会议就此结束。带着自己典型的坚持意见的脾气，他转身走出了办公室。这何尝不是一种固执呢？

但是事情却不像福特所想象的那样。在几年的时间里，竞争忽然加剧了，福特汽车的销售量直线下降，车身和零部件都到了不得不改善的地步。福特先生尽管非常不情愿，但是他不得不下令工程部门开始制订改进计划。于是，第一款重在外表美观的"A"车型问世了。可是，福特的改进速度实在太慢了，所以他没有完全收复在激烈竞争中丢失的"领地"。

公众仍然在呼唤着新的型号的出现，这种希望越来越强烈。这一次，福特迅速顺应了市场的潮流，推出了八缸汽车，并且在设计上也作了改进。

亨利·福特通常都是经过深思熟虑才决定改变自己的计划的。他不是一个轻易向反对意见屈服的人，也不会由于别人的批评而轻易地动摇。他坚信

自己的计划会成功，即使有时需要做一些改进，他也会坚持将之贯彻到底。

从某种程度来说，坚持也许会是个错误，但坚持时间过短或根本就不坚持则是更大的错误。

■雕刻师傅的故事

东方有这样一则故事：在古代的印度，有一个很会雕刻的老师傅，有两个年轻的徒弟要向他学习雕刻的方法。但是在收这两个徒弟之前，师傅为了考验这两个徒弟的耐性，要他们各自去完成一尊非常复杂的雕刻，而这尊雕刻所采用的石料要很小心才能从岩壁上凿取下来。

两个徒弟遵照着师傅的教诲，去山上采这种石料。一开始两人都非常专心，也非常细致，小心翼翼地采着这种易碎的材料。这种烦琐沉闷的工作一直持续了80天。两个人的材料眼看都采得差不多了。这个时候，其中一个徒弟已经无法坚持下去了："我就不信这尊雕刻一定要用这么多材料！我现在手上有的材料就足以完成任务了。"于是他不顾同伴的劝阻，提着篮子下了山，而他的同伴依然坚持采完了最后一天的材料。

等到雕塑即将完成的时候，那个先下山的人才发现自己的材料不够。最后他的雕刻雕少了一条腿，而另一个人因为获得了足够的材料，所以作品也非常精美。结果，那个能够坚持下来的人被师傅收为弟子，而另外那个则追悔莫及。

仅仅是一天的时间，结果却大相径庭。

■巴拿马运河

开始巴拿马运河工程的时候，大多数美国人对西奥多·罗斯福进行了猛烈的抨击，很多人认为这个决定简直愚蠢透顶。因为此前尝试过两次，最后都是以失败告终；此次冒险也会以失败告终，美国政府又将损失大量的金钱。但是，在哥萨尔斯将军的有力指挥下，巴拿马运河工程由于坚持而获得了成功。后来，它也被证明是美国历史上最有价值的一次投资。

■莱特兄弟的飞机

1908 年，莱特兄弟用了很多天的时间坚持不懈地进行实验，试图让飞机离开地面，最终他们成功了——尽管飞机只是在空中绕了两三个圈之后就摔到了地上。这时在旁边，一个吞云吐雾地抽着香烟的老先生很轻蔑地说："我就知道会是这样。如果全能的上帝打算让人飞上天，他就会赐给人一对翅膀。这两个人绝对不可能让那个玩意飞起来的。"可是这位老先生没有想到的是，这不过是暂时的挫折和失败，莱特兄弟正是因为坚持了下来，所以取得了最后的成功。

■一部无价的金融法

伍德罗·威尔逊实行《联邦储备银行法》的时候，美国的银行家们纷纷谴责，他们预言，这项法令的施行会给金融业带来巨大的灾难。他们还花了不少心思试图阻止法案的实施。然而仅仅过了几年，这项法令向各银行提供的服务就证明，它的价值是无法估量的。威尔逊的坚持，也被证明要比银行家们的怀疑论更具价值。

■富兰克林坚持以诚待人

本杰明·富兰克林坚持以诚待人，把一个刻薄的敌人变成了他一辈子的朋友。富兰克林那个时候还只是一个年轻人，为了投资办一家小印刷厂，他花光了自己的积蓄。在想尽办法之后，他又使自己获选为费城州议会的文书办事员。通过这个职务，他就可以获得为议会印文件的工作。他当然不愿意失去文书办事员的职务，因为那样他可以获得更多的利益。

可是一种不利的情形还是出现了。富兰克林遭到了议会中最有钱又最能干的议员的厌恶。他不但不喜欢富兰克林，还在公开场合斥骂富兰克林。

这是一种非常危险的情形，因此，富兰克林决心要想办法博得对方的喜欢。

但是，采用怎样的方法，却是一个大的难题。把一点点恩惠给他的敌人？这样是行不通的，这样会引起敌人的疑心，甚至轻视。

这样的窘境富兰克林是不会弄出来的，因为他是一个非常聪明的人。

于是，他采取了一个相反的办法——请求敌人来帮他一个小忙。

向他的敌人借10块钱？这不是富兰克林的请求。他所提出的是令对方觉得非常高兴的请求，对方的虚荣心被这个请求所触动，也因此觉得自己获得了尊重。富兰克林对对方的知识和成就的仰慕通过这项请求很巧妙地表现了出来。

富兰克林自己是这样叙述经过的：

"在听说有一本稀有而特殊的书藏在他的图书室里的时候，为了表示我极欲一睹为快的心情，我就写了便笺给他。在便笺中我表示，为了能将这本书仔细地阅读一遍，我请求他把那本书借给我几天。

"收到我的便笺之后，他马上叫人把那本书送来了。大约过了一个星期，在把那本书还给他的时候，为了强烈地表示我的谢意，我还附上了一封信。

"于是，当我们再次在议会里相遇的时候，他居然很友善地跟我打了招呼（这种行为他以前从来就没有过），并且显得非常有礼貌。他从那以后随时乐意帮我的忙，一直到他去世，我们都是很好的朋友。"

所以，不要一遇到挫折就退却，坚持下来，一定能够有所收获。

●拿破仑·希尔成功信条

◎坚持需要勇气，尤其是当我们提出新的想法之时，大多数人不会很快地接受新生事物。事实上，当一个人打算创新的时候，大多数人会反对并阻挠他。如果没有坚持的精神，一般人往往会向批评屈服，在自己的计划完全成熟之前，就已经把它放弃了。

◎勇于坚持的精神是出色领导者所具有的特征。如果没有它，人们就不具备长久的领导能力。也许你的计划本身并不出色，但只要你能坚持实施，它仍然有可能得到很好的发展；相反，如果有一个一流的计划，却不能坚持实行，那你也不能获得成功。

◎很多人都在考虑，追逐成功所花费的时间值不值得。成功的人认为这种付出值得，失败的人则后悔时间的浪费。而这并不能完全用是否值得来看待，因为经历艰辛的成功本身就像醇香的美酒，让人激情澎湃，也让人收获喜悦；没有成功的艰辛像香浓的咖啡，让人在苦涩中去体味平静，在浓香中享受感动。坚持本身就是最美丽的。

● 拿破仑·希尔成功金钥匙

坚持是一种美德，这无可置疑。拿破仑·希尔对于坚持的褒扬十分明显，即便是在亨利·福特因为过分地坚持自己的想法而遭到市场的惩罚的时候，希尔先生依旧支持着福特的坚持。因为希尔先生看到，当我们的社会不断向文明进步的时候，坚持，这种过去的品德，如今正在逐渐消失；而人类社会的种种成功，如果离开了坚持，都会走向失败的深渊。

坚持需要勇气，那些坚持到最后的人，往往也是对于人生充满勇气的人。在他们的身边总是环绕着无穷无尽的指责、怀疑和嘲笑，这些立场相对的声音正是阻挠人类社会前进的不和谐音符。习惯于坚持的人，一定会用最后的结果将它们打败。

在这一节中，拿破仑·希尔奋力鼓励着坚持的力量，不断呼吁人们要带着勇气走上这条坚持之路。如果说迈出第一步是走向成功的开始，那么坚持则是最终取得成功的保证。

品质七：团队力量

■ 团队的力量

团队力量是福特取得卓越成就的关键所在。他拥有两个出色的团队，一个负责制造汽车，另一个则负责销售汽车。负责销售福特牌汽车的团队——布满全球的行销网点——是全世界最具效率的销售机构。通过这些团队的工作，福特先生的产品拥有了固定的市场。此外，通过与这些机构的密切联系，在开始购买生产原材料之前，他就了解了福特汽车每年的大致销售量。正因为如此，与竞争对手相比，福特公司才能制造出更价廉物美的汽车。

很多年以来，在这些出色团队的帮助下，福特先生得以正确地制订每位经销商当年的销售定额。经销商的销售定额在底特律福特先生的办公室内制订，一旦决定，每位经销商都必须完成，任何托词或借口都没有用。经销商只有两条路，第一是完成自己的任务定额，第二是主动让贤。

许多经销商认为，福特先生冷酷无情。但正是这个策略使许多福特汽车的经销商成了腰缠万贯的人！从总体上来说，经销商们对他的这个经营方式还是非常满意的。

正因为有了这个销售的团队，多年前，福特先生才成功地阻止了华尔街银行企图控管福特公司的行动。这个事件发生的时候，汽车市场仍然极具弹性，允许厂家对销售额进行追加，从而在加大销售力度的情况下，成功完成新的计划。

这对于福特先生来说，是值得庆幸的。

■分水果的小故事

新泽西州曾经有五个农民在一起合伙卖水果，他们商量好，每天剩下的水果将由五个人平均分掉。但是由于生意太好，每天剩下的水果数量并不是很多，不够五个人平分的。一开始，他们想用轮流分水果的方式，结果发现，轮到谁当天分水果，这个人自己分到的水果肯定是最好的，其他人只能拿到很差的。于是五个人决定重新划分，这次他们决定推举一个人长期负责分水果。结果，这样又导致了小团体的产生，五个人互相推诿，钩心斗角，差点连生意都做不下去了。

就在他们即将分道扬镳时，有个人提出：还是轮流分，但是这一次，那个负责划分的人将最后一个拿到水果。这个方法得到了大家的一致赞同。为了不让自己吃到最差的那一份，每人都只能把水果尽量分得平均，就算不平均，也只能认了。从此一切矛盾都不复存在。五个合伙人快快乐乐、和和气气，日子越过越好。

■两个公司的故事

在芝加哥，有这样两个公司，他们最初的实力是一样的，其生意的规模和销售的货物也差不多。但是几年之后，其中一家不得不宣布倒闭，从而被另一家吞并，这是怎么回事呢？

原来，Ａ公司奉行的是推销员单兵作战的条例。这样，公司里的推销员个人能力很强，但是公司内部的竞争也非常激烈。如果哪个推销员表现得稍微好一些，那么一定会招来其他推销员的嫉恨，他们会想方设法破坏这个推销员的生意，让他一事无成。很多人无法忍受这种弱肉强食的竞争法则，纷纷跳槽。剩下的那些推销员，能力的确非常强，但是他们的精力和影响力依然有限，不可能把所有的客户都捏在手中。这些推销员往往累得筋疲力尽，最后也不得不看着到手的生意因为实在太忙而无法坚持下去。

另一家 B 公司则奉行团队合作的精神。这家公司的推销员常常是联合作战，谈的也都是大项目。对于另一家公司跳槽而来的推销员，这家公司推销员不但没有加以排斥，而且还非常开放地将他们吸纳进来。在一次大生意的谈判中，五个推销员轮番上阵，硬是将生意谈了下来，公司由此获得了数百万美元的利益。这家公司也由此发展壮大起来，最终将另一家公司吞并。

●拿破仑·希尔成功信条

◎不要忽视团队的力量，在今天的社会中，缺少合作精神的人将不能获得成功。

◎没有人会是孤胆英雄，你的背后总会有人支持，所以也需要给那些支持你的人以回报。

◎"拖后腿"常常是社会上某些人的做法。由于嫉妒心、"红眼病"和一己之私作祟，他们惧怕竞争，甚至憎恨竞争。一旦看到别人比自己强，他们就拆台阶、使绊子，竭尽倾轧之能事。其宗旨不外乎一条：我不行，你也别行；我得不到，你也别想得到。

◎无数发明创造的才智是在无声中被内耗掉的，无数贤能就这样被埋没在默默无闻之中。因为嫉恨和阻拦，"千里马"们就这样死于槽枥之间。

◎"抱成团"的工作方法是对命运的抗争，是力量的凝聚，是以团结协作的手段为共渡难关、获求新生所做出的必要努力。精诚团结将使群体得以延续。

◎人们如果能常将"拖后腿"与"抱成团"所造成的结果对照起来好好想一想，那么想过以后该怎样见贤思齐、择善而从，就不言自明了。

●拿破仑·希尔成功金钥匙

> 成功的企业不是单凭个人的英雄主义建立，而是由一个英雄的团队创造的。个人的力量是有限的，创造出的成功可能是短暂的，而团队的力量则是无穷尽的、可持续发展的。个人必须依赖团队的支持和帮助，与团队一起成长，这样才能形成一座长城，才能具有活力、永续发展。

品质八：自信

■福特发家依靠自信

分析福特先生的发家过程，可以有这样的发现：他习惯于随时随地开始计划。当他刚刚涉足汽车制造这个行业的时候，他就已经形成了这样的习惯，尽管当时的局势对他来说并不乐观。

在他投入事业的初期，一些人不断地对他进行攻击，或者发表一些不信任的言论，企图破坏福特的声誉，阻挠他发展自己的事业——每年都有些自以为"万事通"的人预言，福特会失败，华尔街将接管他的业务。但是，福特继续着自己的事业，并制订新的计划来封住那些人的嘴巴。他毫不动摇地坚持自己的尝试，因为他知道，信心会带领自己战胜所有可能遇到的紧急事件。因此，他能够在紧急事件的浪尖上冲浪，而不会被潮水吞没。

事实上，他坚持得都有些过头了。他白天工作，晚上研究、测试自己的汽车，以致后来连饭碗都被自己砸了。在事业起步的初期，福特先生还遇到了资金不足的困难，但他却无比地自信——他只有依靠信心来克服这一困难。后来发生的一切简直就是奇迹中的奇迹，自信真的起到了作用！

■福特自信的秘密

也许是因为亨利·福特从小受到的教育并不是那么高贵，所以总有一群所谓的"知识分子"对他表示蔑视，但是在这样的一群人中，很少有人能够真正得到自己想要的财富。单凭这一点，福特就比这些人更有教养。拥有6个学位的人又能如何？从耶鲁、哈佛、普林斯顿这类名校毕业的人又能如何？一位有教养的人懂得如何不侵犯他人的权益而获得自己想要的一切。福特同样有很大的渴望，他之所以能得到想要的一切，正是由于他拥有信心！只要拥有和他一样的信心，任何人都能获得成功！

福特先生是一位有教养的人。他通过思考与实践获得知识，并在此基础上建立了自己的思想体系。福特先生具有获得成功的本领，他有一个主要目标，并且成功地达到了这一目标。他的意义非比寻常，因为他跨越了一个障碍——大多数人允许自己的思想受到束缚的障碍。

■福特如何应付大萧条

1929 年，经济大萧条席卷了整个资本主义世界，数千家银行倒闭，上百万人失业，巨额财富遭到贬值。那些商业、金融、工业、政治和宗教的领袖们在这个时候害怕起来，纷纷选择了保持沉默、袖手旁观。全世界迅速进入到一片混乱中。只有福特先生，是少数几个坚持继续生产的企业家之一，并且他坚信美国必定拥有美好未来。

大萧条之前，很多人已经在空谈繁荣昌盛了，那时候福特就用自己的行动诠释了繁荣昌盛是什么意思；当灾难来临之际，大多数的企业家为了自保纷纷开始裁员，无数工人下岗之时，福特却收留了这些工人，他们被召入他的旗下。1931 ~ 1932 年是一段空前艰难的时期，只有充满信心的人才能熬过去。

当目光短浅的人像发疯的潮水般冲向银行、取出存款，并要求银行暂停营业时，福特却似乎丝毫没有受到经济大萧条的影响。他绝大部分的财产都存在银行里，可是他却当作什么事情都没有发生，每天平静地继续他的工作。正是因为他拥有坚定的信念，当灾难过去之后，巨大的财富才反馈到了福特的手上。

福特为什么会这样镇定呢？也许他的成长过程是一个好答案。他土生土长在一个农场。小时候他就喜欢观察大自然，大自然的博大给予他的是无穷的自信。当福特仰望天空时，他看见密密麻麻的星星在天空有序地排列。他通过自己眼中所见，做出了一个判断，那就是：大自然遵循着一定的规律在运转，任何作为都有目的。

正因为如此，在大萧条期间，福特先生注意到，"大萧条"其实并不存在于大自然的领域中。在 1930 ~ 1931 年间，太阳依旧从东方升起，小草的茎叶还是会被阳光所温暖，种子按时发芽——大自然完全"按照既定目标办事"，就像她处理其他日常事务一样。

通过这些观察，福特先生认定，无论人们做了什么，都能使事情恢复原样。事实上，经济大萧条完全是人为因素造成的。正因为他发现并且想到了这一点，他才坚持照常开展自己的业务。他知道，当人们重新找到自己的位置时，大萧条的风暴必定会风平浪静，一切都会恢复正常与和谐。

■自信成就目标

1924年，毕业于哈佛大学法律系的斯洛科进入美国当时一家著名的石油公司，成为该公司底层的一个小职员。

公司为这些新人举行了一个欢迎会，斯洛科对那些与他同时进入公司的同事说："我将来一定要成为这家公司的高层领导。"他的同事们都表示：虽然这个青年的志向非常远大，但是他的目标会不会太高了一点？

斯洛科并没有说大话，在说出了他的豪言壮语之后，他就开始了自己的长远计划。斯洛科有着旺盛的斗志和超强的体力，他对工作孜孜不倦，而且数十年如一日，他的努力远在他的同事和前辈们之上。斯洛科进入公司的时候，一点背景也没有，就是凭借着这股冲劲，他在自己35岁的时候，就成为副总经理，基本实现了自己的目标。

尽管没有成为最高领导者，但是在这家石油公司，这么快的晋升速度还是第一次。

但是斯洛科不仅仅是以这件事情震动了整个公司，他的自信还表现在另一方面。当他成为副总经理之后许多年，有一位同他当年极为相似的年轻人出现在他面前。这个人叫罗伊·琼斯，23岁，也是一个雄心勃勃的年轻人，他明确表示要替代斯洛科的位置。

在应试时，罗伊的自信使斯洛科印象十分深刻。当时只有一个空缺，而斯洛科告诉他，那个职位十分艰苦，一个新手可能很难应付。但罗伊当时只有一个念头，即进入石油公司，展现他足以胜任这个职位与超人的规划能力。

当斯洛科雇佣这位年轻人之后，曾对他的秘书说："我刚刚雇用了一个想成为通用汽车公司董事长的人！"但是斯洛科并没有失去自信，相反，他的自信也被激发出来，最终罗伊成为副总经理，而斯洛科也成为这家石油公司的总裁。

高度自我、指示永远朝成功迈进的目标，将引导一个人经由底层登上巅峰的宝座。

●拿破仑·希尔成功信条

◎我们都有希望和愿望，但如果没有信心的支持，它们就都不可能成为现实！如果亨利·福特只有希望和愿望，仅仅是希望自己的主要目标能成为现实，那么，他就会落得与其他许多汽车制造商相同的下场。他战胜了一般人想都不敢想的巨大困难，因为他拥有信心！

◎信心能战胜人生道路上所有的障碍，也许连死亡它都不会放在眼里！这种事情谁能够说得清楚呢？我只知道，有自信的人不会去思考信心究竟能起到多大的作用，也不会去分析它的局限性到底在哪里。

◎任何一个愚蠢的人都可能问出这样的问题：需要最多的知识来回答，而且不一定答得上来；但这些愚人却不能战胜贫穷、疾病与无知，不能通过提供有用的服务积累百万美元的财富。

◎伟大宗教的全部都建立在信心的基础上。耶稣基督完全依靠信心使世人相信了他。如果说是信心构成了基督教哲理的要点与宗旨，那么为何它就不能给那些追求成功的人以实际的帮助呢？

●拿破仑·希尔成功金钥匙

社会是现实的，成功总是那么遥远，绝对不可能唾手而得。你能不能触摸到成功宝座的边沿，取决于你是否有火一样的激情投身于你最热望的事业中去，是否有强烈的信心填充你的心灵深处。对于某个目标，你不再只是有去达成的美好愿望，而是有强烈的自信去达成；不再是渴望着成功，而是一定要成功。你的信心有多坚定，就能爆发出多大的力量。当你有足够强烈的信心去改变自己命运的时候，所有的困难、挫折、阻挠都会为你让路；自信有多强，就能克服多大的困难，就能战胜多大的阻挠。因为信心即力量。积极的人在任何问题和困难面前，都会把注意力放在解决问题上，都会设问这件事情的发生对自己有何好处，把问题和困难当成是人生中训练自己的教练。当生命中遇到难题或困惑时，要与积极的人在一起，与比你积极 10 倍、100 倍的人在一起；找一个比你要求的还积极的环境陶冶自己，一定要这样做，因为选择积极环境是获取成功的关键。

品质九：主动

■主动寻找客户

人们常常会担心自己找不到客户。的确，茫茫人海当中谁会是你的客户呢？这种寻找过程其实就是一种发挥主动的过程。

客户就存在于普通的日常生活当中，但是需要你足够主动。

美国一位推销员加西亚就是因为充分发挥了主动精神，所以赢得了很多顾客。加西亚常常会留守在一些投诉单位的门口，向那些在商品或服务上吃了亏的人兜售一些保险；并向他们说明，买这份保险要比来这里进行毫无意义的投诉有效得多。

最有意思的一次是在一家医院里。这天，加西亚从一家医院探望一个老友出来（当然这位老友也是他的客户之一），他忽然发现有位当地的名人正好从这家医院康复出院。这时，加西亚已经有一周没有做成一笔生意了，看到这位名人他忽然看到了希望。

他于是重新回到医院，并且跟医院查询台里的护士聊起了天。

"你们真是家不错的医院，像某某这样的名人都会在这里看病！"加西亚找到了话题。护士们觉得非常得意，于是就开始跟他闲聊起来。加西亚不失时机地说："我其实是这位先生的一个旧友，可是我不太记得他的家庭住址了。你们能告诉我他登记的住址吗？大病初愈，我怎么说也得去看望一下他！"

加西亚说得有理有据，而且他的表情又是那么和悦，让护士不给他地址都不行。十分钟后，加西亚拿着地址单敲开了那位名人的门。

你们猜结果怎么样？他再次出门的时候，口袋里已经装着一份价值 5000 美金的保单了。

■模仿也是一种主动

有时候在一件货物的销售中，适当地主动向消费者靠拢，将有助于你更好地推销你手上的商品。克拉克就是这样一位出色的推销员。

有一次，克拉克接待了一位看上去神气十足的中年男士。中年男士在名牌服饰那个专柜转了一圈，然后用带有法国口音的英语询问一件西装的价钱。刚好克拉克也会一点儿法语，于是他做出了一个大胆的举动——也学着这位客人说起了"法式英语"。这位客人很惊奇地问道："你是法国人吗？""我在巴黎和马赛待过一阵子！"克拉克回答说。

"太巧了，我就出生在马赛！"这个男人和克拉克一见如故，他们聊了大约十分钟的法国菜和法国气候。这个先生非常高兴，一共买走了价值3000美元的衣服、鞋子和领带。

另一次，克拉克接待了一个看上去有些粗俗的家伙。这家伙一打听价钱就大声地说："这件衣服怎么他妈的这么贵？"

"这件衣服就是他妈的这个价格！"克拉克满面善意地看着顾客，不假思索地说。

"没问题，我买下了！"顾客显得非常干脆。

克拉克正在为自己的冒失感到后悔呢，一听到这样的结果他马上就高兴起来了。

■乞丐的招牌

推销员吉米是一个很有头脑的人，他受到钢铁大王卡内基的邀请，为卡内基的新产品出谋划策。但是吉米没有直接提供策划，而是讲了一个在美国流传很广的故事。

那是一年冬天，一个乞丐在纽约街角乞讨。他双眼已经看不见了，于是他用横七竖八的字在一块木板上写着"我是盲人"，希望博取路人的同情。但是这一招并不奏效，大多数人视而不见，盲丐面前的乞讨盒中并没有几枚硬币。这时，一个路过的推销员看他十分可怜，于是给他出了一个主意，在招牌上重新写了一句话："春天来了，可我是个盲人。"结果，这句话让路人给予乞丐的施舍日渐增多。

"您看，您的产品也许已经是非常优秀的了，但是您更多的是需要主动让您的产品被大众所接受。"吉米告诉钢铁大王。卡内基采纳了他的意见，最后这组经过良好策划包装的产品成为当时的畅销货。

●拿破仑·希尔成功信条

◎你要有足够的主动性。当一个人在追求自己的主要目标时，因为外面的世界诱惑实在太多了，每一种都可以成为放弃的原因，让你放弃很多——除非你有足够的主动性，能够不屈不挠。

◎每一个障碍都可能成为放弃的借口！大多数人都缺乏坚持和主动精神，所以他们都屈服了。而那些成功者，比如福特先生，正是因为拥有了坚持的信念和主动精神，能主动去抗争，所以才获得了卓越的成就。

◎推销就是沟通，沟通的最高境界就是目标一致，进而达成交易。

◎通过分析我们会清楚地看到，在以下这四个步骤的帮助下，贫穷、疾病与无知这三种恶习被福特先生一一打败了：

1. 确切了解自己的需要；

2. 定下明确的主要目标、计划；

3. 坚持执行这些计划，并适当地加以调整与修改；

4. 用全部的努力与财力支持自己的追求。

●拿破仑·希尔成功金钥匙

成功的人与不成功的人的最大区别就是成功的人做事都积极主动，而不成功的人则多半消极被动。

主动是种态度，主动地思考、积极地行动，都会在让人接触事物的同时扩大主观的认知视野。主动的人能接触到更多的信息与资源，这对处事的灵活性、多样性，对成功都大有帮助；同时主动的思维会带来积极的行动，从而进一步刺激大脑神经细胞，产生更积极的思维。这样的一种良性循环，能让人在处理好事情的同时，最大限度地发挥自身的价值，体会到一种安全感、价值感、幸福感。

个人如何运用成功方法

选择职业

■不合适的职业导致疲劳和消极

玛丽是纽约的一位会计师。她最近越来越被自己的职业所拖累。

玛丽每天奔波在上下班的路上，早出晚归，感到疲惫不堪。在办公室里，那些枯燥的数字让她感到烦闷；有时上司会将她叫到办公室里，将她痛骂一通；有时候为了一个客户，玛丽要招来同事的猜忌。下班以后，玛丽很难按时吃饭，必须埋头加班，因为手头的活儿还没有做完；又或者做完了，却担心做得不够好，怕一不留神就落在了别人的后面。

在那些不知底细的人的眼里，玛丽工作体面，收入不菲，但没人知道她心中的落寞和自卑。上班、加班几乎成了她生活的全部内容，所以，她很难拥有属于自己的时间，约会、恋爱对于她而言，也成了奢侈的事情。玛丽对成功学家说出的最大的担心就是有一天她会不知不觉地老去，然后孤独一生。

很明显，这种快节奏的都市生活对玛丽并不适合。成功学家建议她到小城市去放松心情，寻找新机会。结果，在美国北部的一座小城里，玛丽找到了施展自己才华的天地。

■根据兴趣选择职业

克丽斯毕业于美国一所大专的财会专业，干了两年会计工作。她刚刚辞职，找到一个成功专家，想测试一下自己的职业发展方向。

成功专家接待了她。

成功专家："你好，请坐，有什么我能够帮你的？"

克丽斯："我辞职之前做的是会计工作，我现在想测试一下，除了会计我还能干什么？"

成功专家："你介绍一下自己吧，让我先有个了解。"

克丽斯："我的工作道路都是父母选择的，我觉得做得很没有意思，所以很多工作我都做不好，老是出一些小错误。我发现自己很难安静地坐下来，过一会儿就想站起来走一走，工作使我感到压抑，于是就辞去了这份工作。"

成功专家："我建议你先做一些测验，希望能够看出你适合什么样的工作。"

经过一个多小时的测试，结果表明克丽斯更适合做摄影师一类的工作。

成功专家："兴趣是最好的老师，人的工作热情来自对职业的兴趣，而工作热情会提高工作效率，帮人把工作能力发挥到极致。你既然这么喜欢摄影，不妨试一试。"

三个月后，克丽斯又来到指导室，她高兴地对成功专家说："我现在为一家摄影店做摄影师，虽然很忙，可我比过去快乐多了。我的工作业绩也很好，所以特别来跟您说一声'谢谢'。"

在选择专业时，不要想当然地认为什么专业好，而不考虑是否感兴趣。这样做，既浪费时间和金钱，又在就业时走了弯路。职业兴趣是工作的动力之一，对某个职业有强烈兴趣的人一定会被该职业吸引，热爱这项职业，并具有很强的动力，愿意为它付出很多艰辛。只有在这种状态下工作，才能获得成功。

■湖边寓言

以前有个青年，他总是背负着成为大科学家的理想，但是他自己的学业却总是难有长进。这是一个非常聪明的年轻人，所以他也一直十分困惑，于是就向当时一位著名的成功学家请教。

这位成功学家什么也没说，只是把他带到湖边，然后要他在自己的衣兜里面都放上石头。等到他感到浑身沉甸甸的时候，成功学家要他游到对岸去。"这怎么可能？我背了这么重的石头怎么能游到对岸呢？"年轻人大叫起来。

"是啊，你背着满满的石头是很难游过这湖的，那么你为什么不把石头掏出来呢？那样你不就可以游过去了吗？"

成功学家的话，让这个年轻人幡然醒悟。原来他之所以不能成功，就是因为他背负了过于沉重的欲望，欲速则不达。现在他把包袱放下来，相反可能更加接近成功。

三年后，这个年轻人顺利地考上了美国一所著名的大学，开始向他的科学家梦想进发。

■两个农民的故事

在古老的英国村庄里，有一天，两个分别叫作哈里和杰夫的农民出门，打算捡一些柴火回家生火。在路上他们发现了两大包棉花，两人非常高兴，因为这些棉花可以卖出数英镑的价钱，足够他们一个月衣食无忧。两人马上各自背了一包棉花往回走。

正在回家的路上时，杰夫忽然发现路上居然散落了几捆牛肉，看来是哪个农场主不小心弄掉的。肉的价格又比棉花高不少，于是杰夫劝哈里丢掉棉花，将这些肉背回去。

哈里的想法却不一样，他认为自己辛辛苦苦背着棉花已走了一大段路，到了这里才丢下棉花，非常不划算。所以即使少赚些钱，他也不想枉费自己先前的辛苦，而是坚持放弃牛肉。杰夫只得自己背起牛肉，继续前行。

又走了一段路后，杰夫看见森林中有闪闪发光的东西，原来是一群强盗的金子丢失在这里了！杰夫太高兴了，一块金子就足以抵身上所有的东西了。他连忙要哈里放下棉花，用挑柴的扁担来挑黄金。但哈里仍不愿丢下棉花，以免自己的辛苦白白浪费，并且他还怀疑那些黄金是一个陷阱，劝杰夫不要上当。

杰夫只好自己挑了两坛黄金，和哈里继续赶路。快到村口时，一场大雨把两人淋成了落汤鸡。哈里的棉花因为吸满了水变得沉重不已，无法再背得动。哈里没有办法，只能空着手和已经成为富翁的杰夫一起回家去了。

●拿破仑·希尔成功信条

◎生活中没有免费的午餐，任何东西都需要支付某种形式的报酬才能获得。没有人聪明到能欺骗生活。最聪明的人已经试过这么做了，但他们没有获得成功。

◎如今这个时代，只求索取不愿付出的趋势十分盛行。人们的贪欲日益膨胀，如果不能很好地把握自己，你就会与你身边的那些人同流合污，成为下一个牺牲品。

◎大自然常常公平施恩，公平算账。当到了该结算的时刻，那些平常总是能够不付任何代价就获得某些暂时利益的人，就会被迫把自己的不义之财尽数吐出。

◎面对机会，人们的选择往往不同。不同的选择，当然导致迥异的结果。许多成功的契机，起初未必能让每个人都看得到深藏的潜力，而起初抉择的正确与否，却往往决定了成功还是失败。

●拿破仑·希尔成功金钥匙

虽然我们都承认，在目前的工作中，能够和我们当年所梦想的职业完全吻合的实在是寥寥无几，但是这并不能说明我们要选择一个合适的职业的想法是错误的。选择一个热爱的职业，我们能够从内心爆发出工作的力量，所以不需要什么教条的约束，一样也能将手头的工作做好。这是选择适合自己的职业的最大优势所在。

拿破仑·希尔比我们看得更加长远，他不仅告诉我们为什么要对未来的职业进行选择，而且也告诉我们需要怎样去选择我们的职业。我们在选择自己中意的职业之前，需要对这份职业有一个预先的估算：我们能在这份职业上收获到什么？我们过去期望的东西，能够通过这份职业得来吗？我们能不能胜任这样一份工作？我们又是不是做好了拼命工作、提供最优质的服务，去换取我们应得的报酬的准备？这些问题是需要考虑的。

····· 选择一个主要的人生目标 ·····

■不要失去人生目标

瑟曼是一个一条腿有些残疾的青年，但是他丝毫不为此所困扰，而是非常坚强地磨炼自己的意志力，靠着自己的毅力和信念完成了一个又一个让世界震惊的壮举。

瑟曼在自己刚刚高中毕业时就登上了欧洲当时最高的山脉阿尔卑斯山；去非洲的时候他才 20 岁，但是他已经站在了乞力马扎罗山上；随后他又凭借顽强的意志登上了珠穆朗玛峰。在他 30 岁之前，他已经登上了所有著名的高山。

可是当他完成这一切之后，他变得非常消沉，因为这个时候他不知道要干什么了。他年少时候树立的目标现在已经全部完成了，当他全部实现这些目标的时候，却感到了前所未有的无奈和绝望。于是，在过生日的那一天，瑟曼结束了自己的生命。

在自杀现场，瑟曼留下的痛苦遗言让人们为之震惊："我作为一个残疾人，在这些年的时间里，创造了那么多征服世界著名高山的壮举，因为我的生命中有一种信念。如今，当我攀登了那些高山之后，我感到无事可做了……"

瑟曼因失去人生的目标而失去了人生的全部。

生命的意义不仅是不断实现人生的目标，还是不断提升人生的目标。

■找到正确的目标

打猎是美国佛罗里达州经常能够见到的。几个人正在丛林中打猎，而旁边有几名游客在欣赏风景。

这时，其中一个猎人看到了猎物，只听一声枪响，一只兔子被掀翻在灌木丛中。这是一只硕大的兔子，看上去非常重，在地上仍然蹦跳不止。可是猎人似乎并不是很高兴，他没有走过去抓它，而是等它休息好之后消失在灌木丛里。

周围那些欣赏风景的人已经被吸引过来，他们惊呼这么大的兔子还不能满意，看来这个猎人是希望有大收获了。

就在众人等待着好戏上场的时候，猎人又放了一枪。这次受伤的兔子也很重，也相当大，可是猎人仍是看都不看一眼，没有去捡起来。

第三次，猎人的猎枪响起，只见一只小兔子应声而倒。围观众人以为这只兔子也肯定会被放回，不料猎人却飞快地将兔子抓起来，收好。

游客这时开始议论纷纷，有人问猎人，为何只抓小兔子而不要大兔子呢？

想不到猎人的回答是："喔，因为我家里最大的锅子只有那么大，太大的兔子抓回去，锅子装不下。"

■需要确立人生目标

一个美国商人坐在加拿大北部一个小农场的田边，看着一个加拿大农夫开着一辆拖拉机耕田。拖拉机上面有很多种子，这个美国商人问农夫要多少时间才能将这些种子种在田里。加拿大农夫说，一会儿工夫就能种完。美国人接着问道："你为什么不多开垦一些田地，好多种一些种子呢？"加拿大农夫不以为然地说："这些种子收获的稻谷已经足够我一家人生活所需啦！"

美国人又问：那么剩下这么多时间你干什么呢？

加拿大农夫解释：我呀——我每天睡到自然醒；种完田后，跟孩子们玩一玩，再睡个午觉；黄昏时，去酒馆转一下，跟哥们开开玩笑。我的日子过得充实又忙碌呢！

美国人却不赞同这样的说法，于是他帮农夫出主意，他说：我是美国名牌大学的管理高才生，我可以让你的生活更加有趣一些！

美国人继续说：你应该每天多花一些时间去种田，卖掉收获之后，你可以用钱去买更多的田地，再买更多的拖拉机。然后你就可以拥有一个大农场，经营自己的农作物加工厂。那么，你就可以控制整个生产、加工处理和行销。你可以不在这里干了，搬到渥太华去；再搬到美国的大城市里，做个富翁，在那里经营你不断扩充的企业。

然后呢？加拿大农夫问。

美国人大笑着说：你炒股票，到时候就发财啦！几亿几亿地赚美金！

再然后呢？农夫继续问。

美国人说：到那个时候你就可以退休啦！你可以搬到加拿大去，买一个农场，种种田；每天自然醒来，跟孩子们玩一玩；再睡个午觉，跟几个兄弟一起开开玩笑什么的。

加拿大农夫疑惑地说：我现在不就是这样了吗？

■巴罗克的目标

烟圈在几个人头顶上慢慢升腾，餐厅里非常热闹。可是高中毕业生法利和罗丝却都显得心事重重。

巴罗克深深地吸了一口烟后，慢慢地开导他们："大学是人生最重要的阶段，如果在这一期间无法将自己的知识、能力、职业技能学到家，你就会无功而返、毫无成就。到毕业时，你就会为找份好工作而疲于奔命、顾此失彼；朋友之间会为了一两句话的小误会而喋喋不休、庸人自扰。你在毕业时需抵达的高度，现在还仅仅是一个谜，或者说是一个假想。但是你必须把它看成是鼓励现在的你的动力。不将这一富于动机的目标铭记心中，没有任何确切的目标，要进行长时间的学习是无法忍耐的。目标必须天天更新，与理想紧密地联系在一起。只有以此为出发点，你才能面对艰苦的环境，比如说糟糕的教学质量、颓靡不振的周边环境、伤病和家庭变动、爱情与理想的冲突等。"

"可是我很难确定我短期的人生目标是什么，尤其是考取大学后。"法利抱怨道。

巴罗克陷入了沉默中。将烟蒂捻灭后，他说："法利，我当年也有和你一样的困惑。我在上大学时，兴趣特别广泛，而且目标很不明确。有时候我会陷入一种极度的兴奋和颓废——晚上不想睡觉，早上很早起来。我在各个学校社区表现自己，感到自己年轻力壮，精力充沛。正如诗中所说，我要做一个'直面人生理想'的大学生。

"有一阵子，我实在觉得无聊，就到处瞎逛。我漫无目的地背着吉他到佛罗里达，在一个大学校园落脚。傍晚的时候，我敲响了朋友宿舍的门，佛罗里达的朋友热情地招待了我。一周后，我感谢了他们的盛情款待，再次踏上了旅程。在海边和老同学聚会的时候，老同学热情招待着我，觥筹交错间，我弹起了吉他，唱起了歌，感到一辈子从未有过的自足和得意——我与这个世界如此之和谐！

"我唱完歌正得意，有位物理系的老同学打断了我。'毕业以后准备做什么?'他问。

"我迅速用我熟悉的诗来回答，直到现在，这首诗仍然在我脑海里萦绕。'在人生的道路上漫游'，我背着这句诗。

"那个同学看着我，面带不屑甚至轻蔑。

"'你是不是以后,'他轻蔑地说,'就靠弹吉他、唱歌混日子?'

"'当然不是,'我说,'我有很多特长:书法、画画、吉他、体育运动。'

"突然，那个同学把我的吉他狠狠地砸在地上，让我别弹了。'你以为你是风流才子?'他说,'你应当找一份正当的职业落下脚，挣钱过日子。'

"说着，他把吉他抢去扔进大海里，留下我独自在海边。大海从未像那天那样阴冷、黑暗、让人迷茫。我试着想寻回两分钟前还感到的得意扬扬，却只有席卷着我全身的寒冷。"

由于受到这个老同学的激励，巴罗克以成功为目标，最后成为美国一代文豪。

●拿破仑·希尔成功信条

◎在廉价公寓里往往能够看到这样的悲惨人间:孩子们跑来跑去，脸色苍白、身体虚弱、营养不良;女人的眼神极其忧郁，衣裳破旧不堪;男人一脸疲惫，终日劳作之后拖着沉重的步子回家。这些人都是没有伟大的人生目标的牺牲品。这些都已经成为不可否认的事实，那么去指责他们，指责那些步履蹒跚却不知道向哪里去的人又有什么意义呢?

◎天空中的北极星和恺撒心目中的"北极星"相比，并不见得亮多少。当人类在向前发展时，谁能驾驭着马车始终朝着一颗星星的方向奔驰，并且最终到达那里，那么谁就将获得巨大的成功!

◎在平常生活、工作中，我们都会有自己的目标，而目标的达成关键在于把目标细小化、具体化。

◎一旦确定了目标，就应尽一切可能努力培养达成目标的充分自信。

◎大多数人根本不清楚律师的一天是怎么过的，在根本不去考虑跟法律有决定性关系的诸多层面时，就贸然扬言"我要当律师"。其实，你应该跟与这一职业有关联的人进行交谈。优秀的忠告者会对你所必须学的课程提出建议，尤为重要的是，他会教导你怎样达到自己的目标。

◎如果忽视了这种准备，就不仅浪费了宝贵的时间，而且也没有珍惜最初的时间与劳动。如果不认真地进行选择，本来可以获得更好的职业却自欺欺人地投入某一无聊乏味的职业，这将给你的一生留下不可磨灭的阴影。

●拿破仑·希尔成功金钥匙

确定人生目标！确定得越早越好！这样起码你不会因为当初没有任何目标浑浑噩噩地度过这一生，而在上了年纪之后徒增悔恨。拿破仑·希尔将制订一个人生目标放在成功的五大步骤的第一位，给予这个目标以相当高的评价。当一个人有了目标之后，他自然就知道如何为实现这个目标而付出努力。目标就是这个人的航标灯，让他在苍茫的世间之海上不至于迷失方向。

等值服务，等值回报

■抓住你的老板

如果你的老板是一位成功的商人，他也许很精明，他能使你最大限度地发挥自我价值。你应该首先提供超值服务，然后再开始渴望得到更多的报酬，或寻找更多的机会，获得老板更多的青睐。如果你长期这样做了，老板一定能注意到，你就有资格要求他考虑为你加薪了。如果你的老板成功且精明，你就不会遭到拒绝。

人们有时候会取得很大进步，以至于当前的职位与老板都不再适合。但更多的情况则恰恰相反，即人们不再胜任当前的职位。在你打算跳槽之前，仔细研究新的工作和老板，确定你的未来是否有发展前途，如果有这样的机会，你应该抓住它。也许，你的一只脚已经踏进了成功之门。你必须使老板对你有信心，否则你就不能成功。通过使自己成为不可或缺的人去把握这个机会，很快你就会得到回报。

■边境上的奇观

在禁酒时期，有一个位于墨西哥与南加利福尼亚交界地区的小镇。在那里，有四万多人同时越过边境前往墨西哥的酒吧和赌场。除了在大萧条时期，还从未见过有如此庞大的人群前往赌场放纵、消遣。这不禁让人好奇，并促使人一探究竟——是什么原因会使得这四万多人去做这些没有任何意义且风险极大的事情呢？

从政府机构得到的信息是，每周日越过边境的这4万多人中，只有不到三分之一的人能赚到钱。政府部门估计，酒吧与赌场老板每周日的净收入大约是每位顾客10美元，总计高达40万美元！而那少数赢了钱的"幸运者"，他们能带回去的钱一共也才6000美元。比较一下这两个数字，你就会明白一个人不劳而获的可能性究竟有多大。

不提供等值的服务，却获得等值的回报，这种事发生的概率与在赌博中赢钱的概率相同。那些想不播种就收获的人，通常以为自己足够聪明，能够打破社会的规律，实际上这是绝对不可能的。经济大萧条最终证明只有强者才能生存，而那些自以为是的小人物，则在这场竞争之中被淘汰出局。

■不看心理医生的希拉尔

希拉尔是19世纪20年代美国的一个小电影明星，她被世人所称道的并不是她的演技有多好，而是她的一项非常有趣的纪录：在鱼龙混杂、压力非常大的好莱坞，她居然是从没有看过心理医生，也从来没有过自己的心理医生的很少的几位明星之一。

对于这样一个有趣的现象，一个名叫施塔勒的医生产生了很大的兴趣，他决定以这个希拉尔为自己的研究对象。施塔勒是好莱坞许多名人的私家医生，他常常会在半夜接到这些外表光鲜的名人打来的求助电话，听他们倾诉自己心中的不快，给予心理上的帮助。作为一个心理学家，施塔勒当然能够很好地解决这些问题。但是他有更好的想法，就是研究那些从来都没有心理疾病的人，看能不能从中找到一劳永逸的办法。

他仔细研究了希拉尔的生活经历，发现这位明星常常并不是"唯利是图"的。她总是有惊人之举，比如淡出影坛一年去做一些慈善工作；还有就是拒绝数千美元的庆典邀请，转而照顾一个医院里面的小男孩；她不惜损失自己的金钱和众多出名的机会，来到许多穷苦人聚集的地方，如码头和监狱，去看望这些人，为他们带来欢笑。这一切都是没有报酬的。

施塔勒医生由此生发开去，他研究了那些很少有心理问题的名人，发现他们或多或少有着类似的经历。这些人很少有怪癖及其他不良记录，乐于公益事业，为了快乐，他们牺牲了很多物质上的利益。

施塔勒将这一发现用在自己的心理的治疗上，取得了很明显的效果。好多人接受过医疗或忠告后，一扫过去的阴霾，变得乐观起来。他们在慈善活动中发现，世界上存在着这么一条公理：当一个人付出的劳动没有得到金钱和物质的回报时，必可以得到等值的精神愉悦。

■为什么要养成习惯、提供超值的服务呢

1. 如果你愿意提供超值的服务，别人将会更加器重和关注你。

2. 这一习惯能让你显得鹤立鸡群，因为很多人一下班就匆忙地往家里赶，他们只是为了那上班时间得到的报酬而劳动的；相比之下，你会因为显得比较勤奋而让人更看重你的业绩。

3. 如果你能够养成多付出的习惯，我敢肯定回报也会相应增加。

4. 老板会很赏识你这样的做法，也许会给你加薪水，也许会延长你的工作合同。当公司进入到比较窘迫的时期时，到了不得不裁员的关口，你就会被摆在解雇名单的最后一位。就算你不幸被炒了鱿鱼，在公司的情况有所好转之后，你必定是第一个被召回来的人。

5. 超值付出的习惯能激发你更深层的潜能，而潜能则是财富的代名词。

6. 老板会因为你的工作表现而十分信任你，有机会的话，他一定会让你当他的得力助手。在你的同事中，大多数人恐怕都没有意识到这个习惯的重要性，他们都没有这个习惯，所以老板会依赖你更多一些。这就意味着你的机会也会更多。

7. 这一习惯会加速你获得提升的进程，因为它意味着你拥有其他人没有的管理与领导能力。

8. 你会成为职场上的抢手货，从而使你能够跟你的老板讨价还价。加薪水的主动权掌握在你的手上，因为就算你的老板不愿为你加薪，其他的老板也会争着这样做。

●拿破仑·希尔成功信条

◎在工作中最能够吸引老板的是什么？当然是你提供超值服务的能力。拥有了这样的能力，你就可以顺利地发展业务和获取财富。不论是对老板还是对雇员自己，这样的能力总是很有利的。

◎人往高处走，水往低处流。当一个人开始期待更好的职位与更高的报酬时，他通常会选择跳槽。有时这么做是必要的，但跳槽在带来好处的同时，也会给人们带来一些坏处。其中最突出的一点就是，在新的岗位上，没有人能立刻表现得特别出色。

◎相比跳槽后，以前的工作他则可以做得得心应手，与老同事的关系也要融洽得多。而且，跳槽使人丧失了自己通过长期合作与老板建立起来的良好关系。

◎个人服务就像普通商品一样，都有一定的市场价值。仔细地分析自己的工作，研究如何才能使自己对老板更有价值。把得到的结果变成计划，认真地付诸实施，使自己成为老板的左膀右臂。

◎记住，只有你"不可或缺"才能保证你对职位和报酬的更高要求得到满足。

◎有些人会通过提供低质量的服务来蒙骗他人、获得报酬，但最终他们只能欺骗自己，因为进行这类欺骗活动的人通常会使自己的名誉一落千丈。

●拿破仑·希尔成功金钥匙

在个人价值的推销运用当中，这一节的内容是非常实用的。虽然希尔先生是在多年前谈论工作上的策略以及找工作需要注意的地方，但是多年之后，这对我们今天的社会求职和工作来说依然具有重要意义。的确，希尔先生分析了许多的案例，然后得出这样的结论：如果你想获得更多的回报的话，那么请你提供超值的服务。可以相信的是，不劳者一定无法获得报酬；而如果你能够付出更多的勤奋的话，那么你的收获一定会比你的付出要多得多。

做好各种准备

■希尔自己的故事

希尔曾经讲过一个自己的故事，他是这么说的：

年轻人没有经验，所以难以选择一个适合自己的工作。当即将中学毕业的时候，我参加了学校的实习。我一直希望自己能成为一名电话接线员，这份工作在当时非常吸引我。不过，幸亏我的一个朋友说服了我，让我和他一起出外闯荡，外出的结果证明了这是我这一生中最重要的决定。我成了一家大公司的一个秘书，这不但让我有了生活来源，而且我还能接触到伟大的商业巨头及工业领袖。

作为一个秘书，每一天，我都很认真地向我的老板学习。我意识到，这种经验比我接受的其他训练更有价值，这让我非常高兴。我想，每个年轻人在选择自己的职业之前，都应该有那么一段时间进行商务上的学习，从中学到一些与业务有关的经验。这可以让他们有机会了解各种各样的情况，对自己的工作能力也能够有客观的考查和评估，权衡之后最后做出选择。

在做秘书这一行时，我所进行的商务上的训练得到了那些商业巨子的指导和教诲，从中我得到了巨大的力量去克服困难。从此之后的 25 年时间里，它一直是我的得力助手和坚强后盾。

因为有这段实习的经验，我后来竟然成为艾尔默·盖茨博士和亚历山大·贝尔的助手；他们给予我无穷的知识。这些训练还帮助我成为一位医生的助手，我所需要的大量生物学上的资料都是从他那里获得的。我还给一个律师帮过忙，他教我法律知识，让我获益匪浅。

■商学院里的不同学生

连接普通教育机构与商业领域的系统是什么呢？对了，那就是商学院。它提供了普通学校无法提供的商业训练，而且效果相当不错——就我所知，从商学院毕业的学生对于商学的专业表现，比普通院校出来的要好得多。

如何选择一个良好的商学院，从而拥有很好的前途呢？首先，要考虑这所学院的"年龄"。资历较老的学院，它拥有的师资力量和教学设施一定要好很多，否则，它依靠什么来支撑这么长时间呢？其次，要考虑学院所有者的商业与道德声誉。如果这是一所臭名昭著的学校，如果它的实际运作违背伦理道德，它的生命必定无法长久。再次，你还要考察一下这个学院的老师是不是具有相关的资格。

进入商学院后，你需要尽可能地去学习更多的知识。如果你想要获得更多的回报，你可能需要把自己存款的一部分或者全部都投入到商业学习中去，而不要学习那些不做投资的人。

当商学专家给学生做报告和演讲的时候，那些勤工俭学的学生总是能够占到第一排的位子，他们来得很早；而由家里出钱供养的学生则往往姗姗来迟，他们坐在礼堂的最后面，这样，只要演讲一结束，他们就可以马上溜走。打工的学生听演讲时做很多的笔记，可以确定的是，这些努力的年轻人在进入社会、开始他们的商务之旅时，不会遇到任何生计上的困难，而那些被家里宠坏的学生则让人捏把冷汗。

■透过现状看未来，竞争才是决定力

不久之前，一位波士顿的教授劝告毕业班的学生，忘掉救济金，靠自己的雄心壮志过日子。一位演讲者在纽约大学也作了同样内容的演讲。可是我发现，与这两位相比，许多人的生活面更加宽广、接触的人更多、对生活的观察更加细致，所以请允许我对你们这些即将毕业的年轻人说几句话。

现在的年轻人，常常只看到成功人士的辉煌与风光。其实，成功人士都是从贫困家庭中走出来的，他们大多经历过一段非常艰难的岁月。很久以前，迪士尼和他的兄弟罗伊年轻时常常遭到别人的嘲笑，并且被精明的商人呼来唤去；保罗·莫利曾是个穷孩子，因为穷，他吃不起像样的饭菜，所以一直渴望能走进饭馆，吃一顿非常正式的晚餐；萨姆·高德文过去是个手套推销员；戴维·塞兹尼克是一位破产富翁的儿子；路易斯·迈耶，他是米高梅电影公司的老板之一，当年也因为穷而常常饿肚子。

所以，现状并不能说明问题，只有怀有雄心壮志，才能真正在竞争中取得有利地位。

那么，竞争真的那么残酷和恐怖吗？其实不是。

这几年，将有50万名学生从美国的各所大学毕业。这50万人都会与你竞争吗？当然不是。其中有50%的人会由于懒惰、缺乏雄心壮志和拒绝承担责任而丧失机会。因此，你的对手只是剩下的那25万人。而在这之中，还有许多人受到疾病与恶习的干扰，无法与你抗衡。

别担心可能出现的竞争对手，他们只会比你想象的少。此外，即使你没机会念大学，也别担心，因为你已经上完了高中。南加州大学最近授予了一个男孩理学硕士学位，而这个男孩甚至连高中都没毕业，他就是沃尔特·迪士尼。

去年，肯塔基州有110匹马参加了赛马比赛。这些赛马都接受过良好的训练，驯马师们用能想到的最好的方法照料它们。可是，这110匹马中最后只有10匹参加了正式比赛。我们的人生也是如此——当一切准备就绪时，机会却往往很少。

所以，必须靠自己去竞争！

■农夫的失误

一群被雇佣的农夫走进一片农场，开始为他们的老板收割粮食。他们费尽千辛万苦，顶着烈日，十分疲倦地完成了这项工作，将一大片田地全部收割完毕。可就在他们直起腰来，准备轻松一下、分享劳动之后的快乐时，农场主却气急败坏地赶来了。

"您看，我们把您的庄稼收割得多么彻底，连一粒谷子都没有落下！"农夫们开心地说。

"你们这些笨蛋，我的庄稼地在那边，这里是别人的田地！"农场主几乎要晕过去了。

有多少人在工作中没有做好准备就匆忙上场了呢？这种看上去忙忙碌

碌，最后却发现与自己的愿望背道而驰的现象，的确让人非常失望。但是，这是没有准备的后果。许多人效率低下、不懂得工作方法、没有准备，所以犯下了错误，把大量的时间和精力消耗掉了，做了无用功。

●拿破仑·希尔成功信条

◎人生中难免遇到挫折，当一系列挫折找上门来的时候，许多人就会丧失信心。这个时候你需要去克服它们，保持自己坚定的意志。

◎不要指望自己是一个幸运儿，能够风平浪静地走过这一生，因为这种情况发生的概率恐怕是几十万分之一。每个人都会遇到挫折，具有成功潜力的人会将它们变成继续奋斗的动力。

◎接受降临到你身上的挫折，把它当作一道栅，横在你前进的路途上。它的存在只是为了让你跨越它。你能从每次跨越中得到力量与经验。这就好像那些反对你的人一样，不要因为他们反对你，你就憎恨他们，你应该充满感激地认为，这是一个锻炼你的机会，能够让你获得更大的发展。

◎没有任何挫折的成功不过是生活的假象，真正的生活是有苦也有乐的。如果遇到挫折时不去和它对抗，那么总有一天你会丧失雄心壮志。

◎面对生活，你只能时刻做好各种准备，去应付随时可能出现的不同情况。别指望不付出任何代价就获得成功，根本没有这种可能。

●拿破仑·希尔成功金钥匙

做好各种准备的意思是，要在学业这个踏入社会之前必不可少的知识储备环节上，和竞争意识这个置身社会当中不可忽视的精神力量环节上，都做好充分的准备，迎接即将到来的竞争和挑战。

一旦进入到这个实践的过程中来，一切就不再像模拟训练那样有无数次机会可以重来。你面对的将是非常真实的挫折和障碍，你必须用积极的心态去超越面前的这些高山。希尔先生用最大的力量化解了一些刚刚踏入社会的年轻人可能会产生的忧虑，比如担心竞争过于激烈等等。实际上这并不是问题的关键。希尔先生希望告诉大家的是，全方位的准备，能够帮助你建立起对抗挫折的信心。

第四章

拿破仑·希尔的成功经验

善待他人

■糖果商如何振兴自己

糖果制造商约瑟夫在世界大战结束之后，发现战争已经将他的公司摧毁得不成样子，几乎已经濒临破产的边缘。要重振事业将面临缺少资金的困难，他没有现金的积累，目前的收入只能够勉强维持日常的开支，无法再募集资金。

约瑟夫极度地绝望，最后他只能依靠仅存的一点求生的本能，做最后的赌博。他将自己的员工都召集起来，告诉他们公司现在的困境。他说，只有千分之一的机会能使公司起死回生，这就是要所有员工都购买公司的股份，那么，一旦公司能够盈利的话，他们就都有分红。他说："如果这样还不能挽救公司，那么就再没有什么办法能挽救它了！但我相信，如果我们将智慧和精力全部投入进去，我们就一定会获得胜利。"员工们纷纷赞同这种方法，于是大家都成了这家糖果厂的股东，干起事情来也就多了一份干劲儿。

有了员工们的存款作为启动资金，再加上员工们的智慧和努力，糖果厂居然奇迹般地起死回生。这是一种精神支撑着渡过难关。糖果厂一跃走出了资金短缺的泥潭，之后成为一家发展良好的厂家。

■福特先生的 5 美元日工资

几年前，福特曾经在整个工业界引起一场轩然大波。在当时普遍不景气的环境下，他却宣布自当日起，凡是为他工作的工人，每天将获得最低 5 美元的薪水，而且没有岗位的区别。

这个政策在福特的竞争对手中引起了不小的震动，对手们称他为"叛徒"。他们预言这将会毁灭福特自己，而且也将毁灭那些试图沿着福特的方法跟进的人。每个人都对福特的新政策保留自己的意见，但是几乎没有谁能够看清这种政策给福特的事业及其员工带来的影响。

但是福特的竞争对手们错了！福特采取了最聪明的办法，从而将自己的竞争力空前地增强了。只需要看看他所获得的利益就全能明白了：首先，这个政策让他拥有了最出色的员工，没有谁不愿意为这么高的日薪工作；其次，它有效地帮助公司削减了不必要的浪费，因为每个员工都成了自己的监督者，谁也不想因为自己的失误而丢了这份收入如此高的工作，滥竽充数或是偷工减料的情况明显地减少了。好处还不仅仅这些，这个计划有效地使福特公司在超过 20 年的时间里免于遭受劳工问题的困扰。因为他的慷慨大方超过了任何劳工领袖，所以福特的工人根本不需要劳工组织的保护。即便在今天，劳工领袖们需要选择打击对象的时候，也只敢拿通用那样的公司开刀，而不敢动福特公司一根毫毛。

■苏茨莫如何"过关斩将"

哈里曼·苏茨莫先生是电报公司的一位负责人，同时他也是一位相当有权威的人。当他开着汽车旅行的时候，所有地方的人们都会非常热情地接待他。有一次，他将车开到一个有保安把守的私人花园的入口，抢在保安开口之前询问问说："我想看看这样的一个庄园，你可以为我把门打开吗？"

保安转身准备开门，他忽然犹豫了一下，环顾四周问道："您想见谁？您知道，这里不对公众开放。"苏茨莫先生说："我就是想看看这样一个美丽的地方。"于是保安不再多说一句话，立刻把门打开让他进去。

这简直太神奇了！为什么这个保安敢冒着丢掉工作的风险让苏茨莫先生大摇大摆地走进一家私人庄园呢？另外一件事情可以告诉你答案。

几天之后，苏茨莫的车在新泽西州纽瓦克的闹市区爆了胎，而且车抛锚在一个私人商铺的大门口，不合时宜地干扰了别人的生意。

不远处，一位交通警察正在执勤，看到苏茨莫先生的问题，他便走了过来。看这个交警的样子，他一定会板着脸，命令苏茨莫赶紧把车弄走。这时，苏茨莫先生开口了，带着满脸的笑容："这可真是一件倒霉的事情啊！偏偏在这么一个热闹的地方，车胎爆了。"这句话仿佛有魔力一般，交警脸上的怒容立刻变成了笑容，说道："你说得对极了，兄弟！"然后，令人惊奇的是，交警开始主动在苏茨莫先生周围疏导交通，并告诉他最近的汽车修理厂在哪里。当苏茨莫准备离开时，交警还冲他挥手，祝他好运！

过了几个小时，苏茨莫先生的车经过路口时，路灯刚好变红，但他决定冲过去。当他差不多开到十字路口的中间时，刺耳的警哨声响起了。一位身材魁梧的交警朝苏茨莫走了过来，他脸上的神情就像是在说："这回我可逮着你了。"苏茨莫再次抢先张嘴了，他说："我可真傻啊！开车的时候居然不抬头看一看。我在上一个街区的时候，它可是绿色的。"交警只是盯着他看了几分钟，之后就微笑着挥手要他把车退回到停车线以内，除此之外，交警并没有惩罚苏茨莫。

为什么他能够得到人们的喜爱和礼貌的对待呢？原因很简单：苏茨莫先生真诚地表示了他的友好。他用自己的行动和思想表明了这种友爱之情。

●拿破仑·希尔成功信条

◎如果你能够善待他人，那么你将拥有近乎神奇的吸引力，毫不困难地就能得到他人完全出于自愿的合作。

◎人们常常拥有美德或优良的品质，这些品格能够帮他们解决很多问题。

◎苏茨莫先生浑身上下都透露着一股善意，当别人感受到这一点时，就会很迅速地做出反应，以同样友好的方式来对待他。

◎人性中最奇怪、最不可估量的特性就是：人敬我一尺，我敬人一丈。不仅人类会这么做，动物也同样会如此。小狗遇到一个不喜欢狗的人之后，会立刻明白他不喜欢自己，并通常会对这个人很不好。

◎如果某位雇主对下属的热爱和他拒绝说他人坏话的品质能深深地植入其他雇主和雇员的心中，那该是件多好的事情啊！

●拿破仑·希尔成功金钥匙

法国作家雨果曾经说过："世界上最广阔的是海洋，比海洋更广阔的是天空，比天空更广阔的是人的胸怀。"善待他人，其实是每个人都应该做到的事情。

每个人都有自己的情感世界，都希望得到别人的理解。假如你真诚地理解别人，你会发现得到的理解要比过去多得多；而只希望别人理解自己，却不会理解别人的人，永远不会如愿以偿。因为理解是一种善待他人的行为，是真诚而且相互的爱。

其实生活中，人与人之间难免会有碰撞、摩擦，只是看你如何处理。自己做错事时，不着重检查自己，而一味找别人的麻烦，正是缺乏理解和宽容的表现。如果渴望得到别人的善待，就必须宽容他人，培养豁达的情怀，多点儿自我批评，多点儿自我牺牲的精神。如果坚持"老子天下第一"，就会使自己变得自私、狭隘。

总之，在日常生活里，一句"谢谢"、一句问候、一句道歉、一个微笑，都将给你和他人的心中带来温暖和希望，使生活充满友爱、充满阳光。学会善待你的父母、兄弟姐妹、长辈、老师、朋友，你将在成功路上走得更远。

⋯⋯ 记得付出，这是重要的事情 ⋯⋯

■卡瑞格女士收徒记

麦可那明先生早年曾经希望成为一位歌唱家，但他很穷，没钱请老师。歌唱家卡瑞格女士得知这位年轻人为了成为歌唱家不惜饿肚子的事情之后，对他进行了全面细致的分析和考察，从而确定他是值得自己付出努力的。于是，卡瑞格女士将麦可那明收为徒弟，把自己所拥有的一切本领都教给了他。

之后，麦可那明成了一位著名的电台播音员，经济上宽裕了不少，于是他来到卡瑞格那里，希望能够偿还他欠她的人情。但是卡瑞格女士拒绝了他的金钱酬谢，麦可那明只好用另外一种方式来报恩。

他恳请卡瑞格女士再收一个弟子——一个年纪和际遇都和他差不多的年轻人，然后由他来支付学费。为了寻找这样一个年轻人，他们花了100多美元的广告费，最后终于找到了一个。六年之后，这个年轻人也出道了，他成了一个非常有前途的行当中的一员——歌手。麦可那明的债务也还清了。

■一个奇迹

在寒冬的一个夜晚，一位孕妇倒在了地上。她本来试图在父亲不在的情况下，一个人赶往医院进行生产的，但是看情况她很可能赶不上了。她已经等待了半个多小时，但是却没有人经过。就在她差不多要绝望的时候，一个中年男子开着车从这里经过，并且停了下来。

得知情况之后，这个男子马上将这个女人扶上了自己的车，并且将她送到了最近的医院里。这个时候，孩子已经快生出来了。在经过了两个小时的等待之后，母子终于平安。感激不尽的女人这时从自己的口袋里面掏出500美元，一定要交给这个男子，但是男子拒绝了。

"你就让我表示一下感谢吧！"刚刚做了母亲的女子说。

"不，我只是尽了我作为一个普通人应尽的义务而已。这个世界上有许多需要帮助的人，如果你一定要给我这些钱，不如用这些钱去帮助那些更需要帮助的人。"男子说。

女人觉得这些话讲得非常有道理，于是没有坚持，让男人走了。女子顺利出院之后，拿出两万美元成立了一个基金，专门用来扶助那些最需要帮助的人。

许多年后，女人已经老了。有一天，那些接受过她帮助的人组织了一个慰问团去养老院看望这个女人。其中有一个小女孩，她在很小的时候就失去了母亲，后来父亲在一次车祸当中也丧生了。正是有了这项基金的帮助，她才顺利地完成自己的学业，成了华盛顿的一名律师。看到这个小女孩，女人感到很欣慰。

"这个世界上再没有比你更好的人了。"女孩感激地说。女人则摇摇头说出了许多年前的事，然后她说："如果那天没有那个叫作琼斯·莫利的人的帮助，也许我早已经死了，也不会有今天在这里的会面了。"

令人诧异的事情发生了，只见女律师的眼睛里闪烁出奇异的光芒。她显得激动不已，结结巴巴地跟女人说："这……这真是一个奇迹，您说的那个在寒冷的夜晚帮助过您的男人，就是我的父亲！"

■洛克菲勒的慈善之举

在超过四分之一个世纪的时间里，大富豪洛克菲勒家族的人们，从长辈到晚辈，都将自己的大部分时间用于各种各样的慈善事业，将金钱分发给其他需要的人。这是一个聪明的办法。在洛克菲勒基金的帮助下，许多科学家和商人都获得了相应的支持，发挥了自己的才能。

洛克菲勒家族的宗旨是确保自己的金钱被最大限度地用在最需要的地方。他们为此花费了近100亿美元，但是他们家族的财团却依然相当繁荣。在洛克菲勒并没有预期有什么回报的时候，他的家族涉足的所有业务都获得了巨大的利润。

■年薪百万的助手

恰尔斯·斯瓦波在他还非常年轻的时候，就很幸运地成为安德鲁·卡内基先生的助手。老板对他的评价是：斯瓦波不需要任何人的监督，也不需要打卡考勤，他监督着他自己；只要有需要，他就会出现。

可是，卡内基先生需要这样的服务吗？他需要！年轻的斯瓦波为卡内基先生提供了比他所要求的好得多的服务，所以他应该获得更多的报偿。这样他可以从中获利，同时也可以堵住那些专门盯着8小时工作限制的劳工组织者们的嘴。

斯瓦波刚开始为卡内基先生工作的时候毫无经验，而且非常贫困。他的学历的确太低了。但是，他所拥有的特殊的工作态度，却帮助他获得了优势与权利，而这正是那些不愿意提供超值服务的人所无法获得的。结果是很有意思的，通过确定自己的工作时间，提供在数量和质量两方面都远远高于雇主要求的服务，斯瓦波也确定了自己的薪水标准，而卡内基先生也欣然接受了它。有时，他的年薪高达 100 万美元。

用卡内基先生的话说，斯瓦波的工作态度"很有感染力"。凡是与他一起工作的同事都能迅速感受到他的这一态度，然后再将它传递给别人，最终形成贯穿整个工作过程的和谐状态。和谐是一种无形的东西，那些能引发和谐状态的人都应该得到高额的报酬。

●拿破仑·希尔成功信条

◎麦可那明先生以和蔼的态度对待其他人，他的思想与行动都透露着积极心态，因此他获得了成功。所谓他"获得成功"，并非只是指他的物质财富丰厚，还指他的精神很富有。因为麦可那明用平和的心态对待自己，所以他也能保证以平和的心态对待他人。

◎洛克菲勒先生通过使用自己的金钱与其他一些不宜单独列举的东西，获得了公认的"慷慨大方"的赞誉。同时，洛科菲勒家族也认识到，他们能从自己的行动中获得比分发出去更多的金钱。

◎失败原来是因为自己付出的不够多，所以才使得到的也不多。我认为只要能够付出，掌握正确方法，一定会得到你应有的回报——胜利。

◎在报酬法则之外还有另外一种超额报酬法则，即："只要你在提供服务上多下功夫，你的回收就一定会增加。永远多走一里路，永远做多于所应做的。当你在不断地付出，不断地付出多于你所当付出的，你就一定会获得倍增的补偿。"

●拿破仑·希尔成功金钥匙

成功学的付出定律告诉我们，只要有付出，就一定有回报。回报不够，是因为付出不够；想要得到更多，你就必须付出更多。只要你不断地付出，而不去刻意计较回报，很多收获将会自然而然地到来。如果你想要和成功者交往，那你就先真诚为他做一些他需要的事情；如果你想要获得巨大的成功，那你就先付出别人十倍以上的努力。

在这个世界上，常有这样一些人，他们总是想得到一些什么，可他们从来都不想先付出什么。他们希望得到成功者的帮助，可是他们却不想先为成功者做一些事情。他们总是非常自私地只是想得到，而舍不得先"吃亏"，他们不懂得"吃亏是福"的道理。这种心态往往注定了他们的失败。

所以，拿破仑·希尔认为，只有你能先付出，并不断付出，让别人得到他想要的，别人才可能会还给你你想要的；只有你能先努力，并不断努力，付出自己最大的努力，你才能指望有一天获得你想要的成功。